KB252444

삽화로 보는 심해 탐사

삽화로 보는 심해 탐사
심해저 광물자원을 찾아서

2012년 11월 12일 초판 1쇄 발행
글 · 그림 박정기

펴낸이 이원중 책임편집 김명희 디자인 정애경
펴낸곳 지성사 출판등록일 1993년 12월 9일 등록번호 제10 – 916호
주소 (121 – 829) 서울시 마포구 상수동 337 – 4 전화 (02) 335 – 5494~5 팩스 (02) 335 – 5496
홈페이지 www.jisungsa.co.kr 블로그 blog.naver.com / jisungsabook 이메일 jisungsa@hanmail.net
편집주간 김명희 편집팀 김찬 디자인팀 정애경

ⓒ 박정기 2012

ISBN 978 - 89 - 7889 - 261 - 2 (04400)
ISBN 978 - 89 - 7889 - 168 - 4 (세트)

이 도서의 국립중앙도서관 출판시도서목록(CIP)은 CIP 홈페이지(http://www.nl.go.kr/ecip)에서
이용하실 수 있습니다. (CIP제어번호: CIP 2012005047)

삽화로 보는 심해 탐사

심해저 광물자원을 찾아서

박정기
글 · 그림

지성사

바다를 해양학이라는 학문으로 연구하기 시작한 지 아직 200년도 되지 않았다. 그러나 바다를 학문이라는 틀 안에 가두기 훨씬 이전부터 해양에 대한 탐구는 다양한 방법으로 이루어져 왔다. 오래전 인류가 생겨났을 때부터 해양은 이미 인류의 삶에 없어서는 안 될 중요한 공간이었기 때문이다. 그 옛날 바다를 처음 본 인간들은 호기심이든 놀라움이든 두려움이든 아니면 살아가기 위한 절박함이든 대자연의 한 부분인 바다를 향해 조심스럽게 다가갔을 것이다. 그러곤 눈에 들어오는 만큼 보았을 것이고 이해되는 만큼 알아 갔을 것이다. 그 나머지는 상상과 신화로 채워 놓았다. 그렇게 인류가 바다를 보는 순간부터 해양과학은 시작되었다.

시간이 흐를수록 눈에 보이는 것관찰과 이해되는 것탐구이 늘어나면서 아쉽지만 상상과 신화가 차지하고 있던 자리는 줄어들었다. 사람들이 적극적으로 바다를 향해 뛰어들어 항해 기술이 발달하자 바다는 더 넓어지고 깊어짐으로써 무엇이든 알고 싶어 하는 인간의 호기심을 더욱 자극했다. 우리를 탐구 영역으로 끌어들이는 바다에 이끌려 결국 지구상에 남은 마지막 미지의 세계인 심해의 굳게 닫힌 문까지 열어젖혔다. 그러곤 그곳에 인간이 살아가는 데 필요한 자원이 육상의 그 어느 곳과 비교할 수 없을 만큼 엄청나다는 사실을 확인하게 되었다.

우리나라가 먼바다와 심해에 관심 갖고 연구를 시작한 지 채 30년이 되지 않았다. 서양의 심해 연구 역사에 비교해 보면 이제 청년기에 접어든 셈이지만, 태평양과 인도양 바다 밑에 우리의 해양 영토라 할 수 있는 심해 개발 광구를 가지고 있으며 심해저 광업Deep-sea Mining이라는 새로운 산업 분야를 개척하는 데도 주목받는 나라가 되었다. 부존자원이 없는 나라가 아니라 당당한 자원 보유국이 되기 위해 시작한 심해 과학 연구의 결과 덕분이었다. 이제 우리나라는 더 이상 해양 개발 분야의 주변국이 아니라 세계가 주목하는 해양 개발 주도 국가이다. 앞으로도 우리의 심해 탐사는 멈추지 않을 것이다.

해양을 탐험하고 지리적 발견을 이어갔던 시대를 지나, 이제 환경은 보존하면서도 적극적으로 해양을 개발하는 시대를 맞았다. 이 책에서는 해양 탐구의 역사 속에서 의미 있는 해양과학적 탐구 노력과 심해 자원을 연구, 개발하는 사람들의 이야기를 삽화와 함께 소개한다. 앞으로 우리가 경험하고 만들어 가는 바다 이야기가 더 깊어지고 풍성해지기를 바라며, 그에 대한 소개도 늘어나기를 기대하면서.

끝으로 삽화를 통해 이야기를 재미있게 전달하려는 저자의 무모함을 이해하고, 없는 시간을 쪼개 일일이 삽화를 그림 파일로 만들어 주신 한국해양과학기술원 심해저자원연구부의 김승희 님께 감사함을 전한다.

박정기

쉬지 않고 움직이는 연구선 온누리호 엔진의 진동과 바닷물의 흐름조류에 맞서서 배가 자기 위치를 지키느라고 연신 기우뚱거리는 바람에 온몸을 묵직한 둔기로 밤새 얻어맞은 듯 뻐근한 상태로 눈을 떴다. 잠자는 내내 높은 파도에 배가 얼마나 흔들렸는지 몸이 여기저기 아프지 않은 데가 없다. 창문 너머로 넘실대는 너울과,

그 움직임의 결을 따라 올라갔다 내려갔다 하는 수평선이 "여기가 태평양 한복판이구나!" 하는 실감이 들게 한다. 꿈에서는 분명 집에 있었는데…….

내가 지금 누워 있는 이곳은 서경 133도 38분, 북위 10도 40분. 한국에서 약 1만 킬로미터쯤 떨어진 동태평양 한가운데이다. 사방을 아무리 둘러봐도 하늘과 바다 그리고 그 둘이 만나는 수평선 외에 보이는 것은 아무것도 없다. 이 망망대해에서 우리 연구선은 5000미터 아래 해저에 촘촘히 깔려 있는 5억 6000만 톤의 망간단괴를, 우리가 직접 개발하고 있는 심해 채광로봇이 자유롭게 활동하며 캐낼 수 있는 지역을 찾는 중이다. 광물자원이 많고 로봇이 움직이며 채광하기에 적당한 해저 지형을 찾는 연구 탐사로, 2년 안에 탐사를 끝내고 최종 개발 광구를 결정하는 것이 임무이다.

누운 채 눈동자를 돌려 보니 뻑뻑해서 잘 돌지 않는다. 입안도 모래를 가득 머금은 듯 퍽퍽해 건조함이 그대로 혀끝에 느껴진다. 침대에서 일어나는데 배가 흔들려 균형을 잃고 세면장 쪽으로 내동댕이쳐질 뻔했다. 겨우 벽을 잡고 몸을 지탱하면서 중심을 잡았다. 어제 저녁에 보다가 책상 위에 올려 두었던 책과 보고서 그리고 탐사 도면들이 책상

위를 벗어나 선실 바닥에 아무렇게나 널브러져 있다. 하와이 호놀루루 항을 떠나 태평양 한가운데에서 심해 탐사를 시작한 지도 벌써 15일째, 매일 아침마다 겪는 일이니 이제 익숙해질 만도 한데 여전히 일어날 때마다 "아이구 머리야"로 하루를 시작한다.

밤새 배가 너울을 따라 춤추는 동안 내 뜻과는 상관없이 내 몸도 같이 움직였을 것이다. 그 때문인지 잠을 잤는데도 한숨도 못 잔 듯이 눈은 붉게 충혈되고 입안은 텁텁하며, 속은 쓰리고 몸은 끈끈하다. 비틀비틀 세면장으로 가서 거울 속의 초췌한 내 얼굴을 마주보며 양치질을 한다. 멀미 때문인지 속이 뒤집힐 것 같은 헛구역질을 서너 번 하고 나서야 겨우 정신이 든다. 어떤 때는 거울 속에 비친 추레한 내 모습에 놀라기도 한다. 한 달 이상 태평양 바닷속을 탐사하고 연구하는 동안 육지에서처럼 개운하게 아침을 맞았던 날이 있었던가! 아마도 탐사를 마치고 뱃머리를 하와이가 있는 북북서로 돌리는 날과, 베이스캠프를 향해 3000여 킬로미터를 항해한 끝에 하와이 호놀루루 항에 입항할 때뿐인 것 같다.

탐사를 마치는 날의 개운함이란 뭐라 표현할 수 없다.

두렵고 떨리는 마음으로 첫 번째 태평양 광물자원 탐사에 참여한 지도 20여 년이 지났다. 해양학자로서 지구 둘레 9바퀴만큼 대양을 돌아다녔다. 우리나라 면적의 14배나 되는 태평양 해역에서 망간단괴 개발 광구를 찾아냈고, 서태평양의 해저산에서 손톱처럼 붙어 있는 망간각을 찾아 샅샅이 훑고 다녔다. 남태평양 파푸아뉴기니 주변 열수 광상 지역의 환상적인 지형도를 그려 냈고, 피지 주변에서 쉼 없이 올라오는 뜨거운 열수도 느껴 보았다. 이 모든 것이 내게는 뜻 깊은 훈장과 같은 경력이다.

계획했던 연구 활동을 성공적으로 끝냈다는 생각에 긴장이 풀어지면서 그동안의 피로가 한꺼번에 몰려들어 잠을 푹 자기 때문이다. 그리고 수천 킬로미터를 전속력으로 항해하여 항구 가까이 도선 안내소pilot station, 항구로 이동하는 안내를 받기 위해 대기하는 곳에서 대기하고 있다가 연구선이 거울 같이 잔잔한 수면 위를 흔들림 없이 미끄러지듯 천천히 항구로 들어갈 때면 더 바랄 것이 없을 만큼 행복해진다. 땅으로 올라와서도 하루 정도는 육지 멀미육지에서 배에 있는 것처럼 흔들림을 느끼는 현상를 겪지만, 땅을 밟고 산다는 것이 얼마나 행복한지를 알기에 배에서 내리면 나도 모르게 땅에 입을 맞추는 감사 의식을 치른다. 이때는 땅이 조금 지저분해도 개의치 않는다.

해양 연구를 평생 직업으로 삼은 때문인지 중세 시대의 배가 나오는 영화를 보게 되면 장면들이 아무리 빠르게 바뀌어도 배의 구조를 눈여겨보는 습관이 있다. '저 정도 배라면 무게가 100톤은 되겠는데! 무풍지대를 통과하려면 노 젓는 사람이 60명 이상은 있어야겠다! 배의 망루 높이가 저 정도면 한 4킬로미터까지는 눈으로 물체를 찾을 수 있겠네! 육지가 있는 쪽의 구름 모양을 그럴듯하게 표현했군! 감독이

해양에 대해 뭔가 좀 아는 사람인 모양이야, 제법인데!' 하면서 말이다.

그 옛날! 아니 불과 300년 전까지만 하더라도 지금 내가 타고 있는 온누리호한국해양과학기술원 소속의 길이 64미터, 1400톤급 대양탐사선보다 1/3~1/4 크기밖에 되지 않는 돛단배범선에 몸을 싣고 바다로 나갔다. 수십 명의 선원들이 자신의 목숨을 담보로 바람과 조류에 의지해 거친 바다를 항해함으로써 오늘날 해양과학의 시작을 일구어 낸 것이다. 참고로 콜럼버스가 신대륙을 찾아 나설 때 탔던 산타마리아호와, 마젤란이 세계를 일주할 때 끌고 갔던 트리니다드호(110톤), 산안토니호(120톤), 콘셉시온호(90톤), 산티아고호(75톤), 빅토리아호(85톤)가 대부분 100톤이 채 되지 않았다. 그중 가장 큰 산타마리아호도 길이 23미터에 150톤 정도밖에 되지 않았다. 10톤에서부터 2000톤 규모의 연구선과 쇄빙선을 타고 우리나라 서해, 동해, 남해는 물론 남극까지 다녀온 나의 경험으로는 이렇게 작은 배를 타고 세계를 일주했다는 사실이 도무지 상상이 되지 않는다. 작은 배를 타고 바다를 향해 출발할 때 그들의 마음은 어떠했을까? 기약도 없이 망망대해를 떠돌다가 새로운 땅을 발견했을 때의 감격을 이해할 수 있을 것 같다.

그들에 비하면 냉난방 시설이 잘 갖추어진 연구선 연구실의 안락한 의자에 비스듬히 앉아서 21세기의 수준 높은 과학 문명에 의지해 심해를 연구하고 있는 나는 참으로 행복한 사람이다. 인공위성으로부터 시시각각 수신되는 현재의 위치 정보를 받아 컴퓨터 모니터 위에 전자 해도를 펼쳐 놓고 해안선을 살펴 내가 있는 지점과 항구를 마우스로 긁어서 클릭하기만 하면 육지와 몇백 킬로미터 떨어져 있고 몇 시간 뒤에 도착하게 되는지를 알려 주니 말이다.

연구선의 외벽을 사정없이 후려치는 파도의 파열음과 함께 연구선 전체가 부르르 떠는 진동이 느껴진다. 흔들리는 식탁에 몸을 의지해 늦은 식사를 하고 갑판으로 나오자 눈을 뜨기 힘들 정도로 거센 바닷바람이 얼굴을 때린다. 순식간에 소금물로 한방 맞은 듯 얼굴이 텁텁해진다. 눈을 가늘게 뜨고 갑판 후미를 쳐다보니 안전모와 구명조끼에 안전화를 갖춰 신은 연구원들이 부산스럽게 움직인다.

수천 미터 아래 바다 밑바닥에서 퇴적물을 한가득 담아 올라와 표면에 이슬처럼 송골송골 물이 맺혀 있는 퇴적물 채취기를 고정시키고 시료를 채취하는 중이다. 시료를 채취하던 연구원들이 망간단괴 채취기를 투하할 위치에 도착하기 10분 전이라고 알려 주는 조장의 무전기 소리를 듣고는 부리나케 자유 낙하식 시료채취기boomerang grab,를 내려 보낼 준비를 서두른다. 시료채취기는 해저의 자원량을 분석하기 위한 장비로, 케이블에 연결되어 있지 않고 자체적으로 중력에 의해 내려갔다가 부력에 의해 해수면 위로 되돌아온다. 참고로 망간단괴를 채취하는 그물망의 크기는 가로 50센티미터, 세로 50센티미터이다.

시료채취기를 준비하는 연구원들의 몰골을 보니 며칠 면도도 하지 못한 것 같다. 모습만으로는 연구원인지 해적인지 구분이 안 될 정도이다. 각자 어수선하게 움직이는 그들의 동선이 묘하게 규칙적이고 일사불란하다. 해양 탐사에서는 장비를 다루는 연구원들 사이의 손과 눈빛 신호가 기계적으로 맞아떨어져야만 나와 동료의 안전을 지킬 수 있다. 해양학자로서 바다 한가운데에서 연구하는 일이 생각처럼 낭만적인 것만은 아니다. 우리뿐만이 아니라 인간이 하는 모든 연구 활동은 지독한 외로움과 인내를 극복해야 결실을 맺을 수 있다.

계획된 수십 군데의 위치에서 반복되는 채취 장비의 조

작과 점검 그리고 시료 채취, 한 번에 수백 개의 수심 자료가 20초 단위로 처리되어 들어와 잠시도 눈을 뗄 수 없는 정밀 지형 조사, 7킬로미터 길이의 케이블 끝에 달려 있는 카메라 장비를 해저면에서 5미터 내외의 고도를 유지하며 암반이나 돌출 지형과 부딪히지 않도록 곡예와 같은 조정을 하려면 조정간을 잡은 손끝에서 쥐가 날 정도로 집중해야만 하는 영상 탐사, 정해진 수심에서 한 치의 오차도 없이 정확히 바닷물해수을 채취하기 위해 모니터에서 한시도 눈을 뗄 수 없는 해수 특성 조사, 바닷물을 채취하자마자 바로 특정 시약을 처리해 밀봉하고 채취한 심해 생물이나 퇴적물 시료는 바로 절개해서 사진 찍고 분석해 포장하는 퇴적물 분석, 채취한 광물 시료를 크기와 모양별로 분류해서 무게를 재고 특징을 기록한 뒤 사진을 찍는 광물 분석 등. 시료를 담은 여러 가지 채취기가 연구선 갑판으로 올라오는 순간 연구선은 종합병원의 응급실 같은 긴박감마저 감돈다. 응급실에 실려 온 환자에게 어떤 이상이 있는지를 알아보기 위해 X-선 촬영이나 초음파 검사를 실시하고 그 결과로 이상을 찾아내는 것과 같이 해양 탐사에서도 지형과 지층에 관한 자료가 올라오면 여러 분야의 연구자들이 결과를 판독하고 의

견을 나눈다. 그 결과로 탐사와 광물 표본을 어디서 어떻게 채취할지를 결정한다.

수십 만 년에서 수백 만 년의 지구 환경의 변화 기록을 고스란히 간직한 블랙박스라고 할 수 있는 퇴적물 시료가 올라오면 여러 개의 작은 시료 채취관으로 조직을 떼어 내 듯 분석용 시료를 채취한다. 일부 채취관은 절개해서 미세하게 발달되어 있는 퇴적층의 모양, 색깔, 생물의 흔적 등을 세세히 기록하고 사진으로 찍어 놓는다. 심해 생물 시료는 모양, 형태, 종을 분류해서 부패하지 않도록 병에 밀봉해 담고 바닷물이 담긴 여러 개의 병을 혈액 투석기 같은 성분 분석기에 연결해 바닷물의 화학 성분을 분석하는 등 화학, 물리, 생물, 지질 분야별로 다양한 분석이 이루어진다.

연구원들은 승선해 있는 수십 일 동안 전공 분야와 관련 있는 실험, 분석 등으로 눈코 뜰새 없이 바쁘고 긴장된 시간을 보내야 한다. 한번 바닷속으로 던져지면 왕복 1만 미터의 긴 여행을 하는 채취 장비가 작동하는 동안 아무 이상 없이 되돌아오기를 마음 졸이는 한편 예비 장비를 준비해 두어야 하는 등 눈의 충혈기가 가실 새 없는 고된 일정이 이어진다. 연구원들의 연구 활동은 각 분야별로 하루에 3교대로 일을 하는데 심해에서 올라온 각종 시료나 해저 영상, 해저 지형과 지층의 자료 처리가 끝나면 그때그때 결과에 대한 토론이 벌어진다. 때문에 연구선은 탐사를 나온 수십 일 동안 불이 꺼지지 않는 바다 위에 떠 있는 연구소가 된다.

근무 교대 시간인지 나처럼 부스스한 얼굴을 한 몇몇 연구원이 안전 장구를 갖추고 서로의 장비를 점검해 주면서 인수인계하는 모습이 보인다. 저들도 나와 똑같이 밤새 고문을 당했으리라. 몇몇 신참 연구원은 멀미 기운이 있는지 상체를 제대로 펴지 못하고 기둥을 부여잡고 넋이 빠진 멍한 시선만 바다에 던지고 있다. 혼자 이겨 내야 하는 것이 멀미이다. "해양학을 하는 사람이 이까짓 파도에 질 수는 없잖아! 이제 조금만 있으면 없어질 거야" 하고 부질없는 위로를 보낸다. 바다는 앞으로 좋은 친구가 될 젊은 해양학자에게 경험이라는 소중한 선물을 주고 있는 것이다.

지금 여기 있는 우리는 태평양 한가운데 수천 미터 바다 밑바닥에 있는 광물자원을 연구하고 개발하는 해양과학자이자, 지구의 마지막 남은 미개척지 심해에서 21세기 해양 부국의 미래를 찾는 개척자들이다.

내가 처음 심해저 광물자원을 개발하려고 심해로 뛰어들었을 때가 우리나라는 막 대양 연구에 관심을 갖기 시작하던 시기였다. 그전까지 심해의 영역은 해양 선진국의 과학책으로만 만날 수 있는 불모지였다. 우리는 지구에 마지막으로 남은 미개척지인 심해에서 인류의 미래를 찾는 개척자들이다.

상상과 신화 속에 살았던 고대 사람들의 해양 탐험

"팀장님! 드렛지dredge, 바다 밑바닥에 있는 광물, 암석이나 해저에 서식하는 생물 시료를 한번에 많은 양을 채취하기 위해 대형 그물망을 케이블과 연결해 끌어당기는 시료 채취 장비가 해저 암반에 끼어 빼낼 수가 없습니다. 그런데 케이블의 장력줄에 걸리는 힘의 정도이 너무 강해져 걱정입니다."

"무리하게 후진하려고 엔진을 쓰지 말고 너울의 진행 방향과 크기를 보고 배의 방향을 맞추어 배가 흘러가는 속도만 가지고 빼 봅시다! 후갑판에서 시료 채취하고 있는 연구원들은 철수시키시고요……."

“브릿지선교, 연구선의 운항과 관련한 모든 것을 진행하는 조정실, 브릿지 나오세요!”

“브릿지입니다!”

“우리 해역 주변의 기상 자료가 전송되어 들어왔나요?” 가장 최근에 전송된 자료에서 현재의 태풍 위치, 이동 속도, 진행 경로 좀 알려 주시고, 지금 위치가 얼마 후에 태풍의 영향권에 들어가게 되는지도 확인해 주세요! 아, 선장님께는 내가 급히 뵙자고 연락 좀 해주시고……..”

“안 그래도 선장님께서 브릿지에 와 계십니다. 태풍이 우리가 있는 해역으로 진행하는 것 때문에요.”

“선장님! 해황이 우리 편은 아니네요.”

“하늘하고 바다가 뒤엉켜서 수평선이 어디인지를 모르겠네!”

“근무팀장들께서는 각 연구실과 갑판에 있는 장비하고 시약, 샘플들 파손되지 않게 잘 묶고, 취침 중인 연구원들은 깨워서 회의실로 모이라고 해주세요!”

“해황이 나빠서 고민이네. 지금 드렛지의 와이어를 한 6킬로미터쯤 풀었나?”

“예! 지금 콘맵KonMap, 연구선의 모든 탐사와 항해 정보 그리고 연구선

장비의 운용 상태를 감시, 조정하고 분석하는 장비 윈치 모니터케이블 운용 장비
에는 6.5킬로미터 정도 풀린 것으로 나타납니다.”

“그럼 연구선의 속도를 1노트로 유지해 천천히 이동하면서 500미터쯤 더 풀고 상황을 지켜봅시다.”

“지금은 방법이 없어, 살살 달래서 빼야지. 조급해 하지 말고 충분히 시간을 갖고 천천히 하세요! 아니면 위험해!”

“배의 엔진이 굉음을 내는데 꿈쩍도 하지 않습니다!”

“와이어의 장력도 점점 세지고 있습니다.”

“이 정도 장력이면 드렛지 그물망의 보조 와이어는 이미 끊어졌을 것 같습니다.”

“선장님! 배의 앞머리선수를 반대 방향으로 위치시킨 뒤 지그재그식으로 돌려 보면 어떨까요?”

“뒷바람이라 배의 속도를 제어하기가 힘들어서 순간적으로 와이어에 큰 힘이 걸릴 수도 있는데……. 하긴 현재로선 달리 방법이 없군요.”

“팀장님! 와이어 장력이 약해지고 있습니다.”

“그래?! 지금 상태는 어떤가요?”

“정상적으로 드렛지를 운용할 때의 장력까지 떨어졌습니다.”

“그럼 천천히 드렛지를 올려 봅시다. 아직 걸려 있는지 확인하게…….”

“완전히 빠져나온 것 같습니다.”

“드렛지 그물망을 수리할 준비하고 수심 500미터까지 분당 30미터 속도로 올립시다.”

“아이고, 드렛지를 다른 것으로 교체해야겠네! 상태를 보니 드렛지가 심하게 고생한 모양이야!”

“120년 전 챌린저호인류 최초의 해양과학 탐사선 탐사 때도 드렛지 작업을 133번이나 했었다고 하니 오늘 같은 일이 여러 번 있었을 텐데 그때마다 어떻게 빼냈을까…….”

“망간단괴나 암석 같은 게 남아 있는 건 없고?”

“드렛지 틀이 엿가락처럼 휘었고, 그물망도 다 찢어졌습니다.”

“할 수 없군! 탐사 시작 지점으로 돌아가지 말고, 일단은 태풍의 영향권에서 벗어나 안전지대로 피항합니다. 모든 연구원은 현재 시간으로 모든 작업을 중지하고 별도의 안내 방송이 있을 때까지 선실에서 대기해 주세요.”

바다 하면 가장 먼저 넓다는 것이 떠오른다. 이미 알고 있듯이 바다를 숫자로 나타내 보면 우리의 상상보다 더 큰 숫자들에 할 말을 잃게 된다. 우선 바다의 나이는 40억 살 정도로 태양보다 불과 5~6억 살밖에 어리지 않다. 넓이는 바다와 더불어 지구를 이루고 있는 육지보다 3배 정도 넓은 3억 6000만 제곱킬로미터로, 지구 전체의 71퍼센트를 차지한다. 깊이는 제일 깊은 곳이 수심 11킬로미터에 이른다. 또한 지구가 생긴 이래 만들어 낸 이산화탄소의 50퍼센트를 정화시킨 것 역시 바다이다. 바다에 사는 생물종은 아직까지도 얼마나 되는지 정확히 밝히지 못했을 만큼 그 수가 어마어마하다. 육상에 사는 동식물이 미생물을 포함해 이름 붙은 것이 140만 종 정도인 데 비해 바다에는 최소 1000만 종에서 최대 1억 종은 되는 것으로 예상한다.

오랫동안 바다를 연구해 왔음에도 현재 인간이 바다에 대해 알고 있는 것은 전체의 1~2퍼센트에 불과하다고 한다. 그런데 아주 오래전 지구에 흔적을 남긴 고대인들은 미지의 세계인 바다를 보면서 무슨 생각을 했을까? 잔잔한 수평선 너머에 무엇이 있을까 꽤 궁금해 했을 것이다. 하늘과 바다가 구분되지 않을 만큼 거센 폭풍이나 세상을 집어삼킬 듯

바다의 비밀이 모두 밝혀진다면 과학 교과서를 새로 써야 할 만큼 아직은 미지의 세계인 바다! 탐험과 발견의 시대를 넘어 이제 개발의 시대를 맞이했음에도 심해에 대하여 아는 것이 너무 없는 게 사실이다.

한 파도, 바람과 파도가 부딪히는 파열음을 들으면서는 바다의 신이 노해서 사람들을 벌주려는 것이라 벌벌 떨었을지도 모른다. 하늘을 뒤덮은 시커먼 구름과 쏟아지는 빗줄기가 뒤엉켜 만들어 낸 거대한 기둥 모양의 용오름현상은, 노르웨이와 아이슬란드 근처 바다에 살았다는 신화 속 무시무시한 해저 괴물 크라켄영화 「캐리비안의 해적」에서도 소개되었고, 「타이탄」에서는 지하의 신 하데스의 명을 받고 인간 세계를 파괴하러 온 바다괴물로 등장이 수면을 뚫고 올라온 것이라 착각도 했을 것이다.

그들은 그런 상황에서 느끼는 공포심이나 바다에 대한 생각들을 표현할 수 있는 모든 수단을 동원해서 나타냈다. 벽과 도자기에 그리거나 가죽에 새겨 넣었으며, 신화 속에도 잘 드러냈다. 고대 바빌로니아 사람들은 모든 신의 선조는 신선한 물의 바다인 '아프수'와 소금물의 바다 '티아마트'라고 하여 하늘을 관장하는 신보다 위에 두기도 했다.

신비함과 두려움으로 바다를 신격화하는 것과는 별개로 바다에서 일어나는 자연현상에 대해서도 관심을 가졌다. 밀물과 썰물의 움직임이 일정한 규칙을 갖는 조석현상을 눈으로 보았을 테고, 바닷물은 강물과 달리 짜고 그런 바다에서 얻는 물고기와 소금은 인간이 사는 데 없어서는 안 되는

상상과 신화의 시대에 살았던 고대인들은 수평선 너머 바다의 끝은 끝없는 절벽이라 한번 넘어가면 다시는 돌아올 수 없다고 생각했을 것이다.

것이란 사실도 깨달았다. 몸으로 부딪히고 직접 경험하며 그렇게 바다에 대한 지식을 조금씩 쌓고 관찰하면서 아주 조심스럽게 바다로 나아갔다.

기원전 수천 년 전 고대 사람들은 수평선 너머 바다의 끝은 그 끝을 알 수 없는 천 길 낭떠러지라고 생각하는 세계관을 가지고 있었다. 이러한 생각은 기원전 6세기까지도 이어졌는데, 고대 그리스의 철학자인 탈레스Thales, 기원전 640?~기원전 546는 지구가 접시 모양의 원반처럼 생겼거나 육지로 둘러싸인 중심에 지중해가 있고 그 바깥쪽을 오케아노스Okeanos

지중해 부근 유럽에 살던 고대인들의 세계관은, 지중해를 중심으로 육지가 둘러져 있고 그 주변을 다시 오케아노스라는 강이 둘러싸고 있는 타원형의 평평한 대지라고 생각했다.

라는 바다_{원래 오케아노스는 강이라는 뜻이나 바다(Ocean)의 어원이라서 흔히 바}다라고도 함가 둘러싸고 있는 원통 모양으로 생겨서 바다 끝에 다다르면 다시는 돌아올 수 없는 곳으로 떨어진다고 생각했다. 고대의 중국 사람들 역시 지구가 네모난 땅덩어리라고 생각했다. 하물며 콜럼버스가 새로운 땅을 찾아 나섰을 때에도 선원들은 대양을 계속 항해해 가면 영원히 돌아올 수 없다고 반란_{지구 모양을 잘못 생각한 때문이기도 하지만 나침반의 자침이 가리키}는 방향에 대한 불신도 컸음을 일으킬 정도였으니 그보다 훨씬 이전인 고대에는 더 말할 것도 없었을 것이다. 이후에도 아리스

그리스 문명 이후 지구는 둥글다고 확인했지만 중세 유럽인 중 상당수는 여전히 지구가 원반 모양이라고 생각하는 세계관에서 벗어나지 못했다.

토텔레스Aristoteles, 기원전 384~기원전 322부터 프톨레마이오스 Ptolemaios, 100?~170?까지 여러 사람이 서쪽으로 계속해서 가면 인도에 도착할 수 있다고 가정하며 지구가 둥글다고 역설했으며, 마젤란은 세계 일주에 성공해 지구가 둥글다는 사실을 체험으로 증명했음에도 중세까지 유럽인들은 여전히 지구가 네모나거나 둥근 접시 모양이라고 생각하는 세계관을 버리지 못했다.

고대 그리스 문명을 꽃피운 그리스 사람들은 해양 민족답게 바다라는 대상에 대한 호기심을 풀기 위해 열심이었다. 그들이 남긴 기록을 보면 인류가 살고 있는 지구와 우주를 대상으로, 지금의 상식으로는 다소 황당한 것도 있지만 가끔은 너무나 놀라울 정도로 지혜롭게 자연현상을 관찰하고 논리적으로 생각하려고 노력했음을 느낄 수 있다.

그들은 지구를 구성하고 있는 물질에 대해 이야기하고, 지진 활동은 공기가 땅속으로 들어갔다가 뜨거운 물질에 더워져서 땅 밖으로 나올 때의 진동 때문에 일어난다고 생각했으며, 지구는 둥글 것이라 생각했다. 식량과 목재를 운반하는 데 육지에서 이동하는 것보다 바다에 배를 띄워서 바닷바람과 해류를 이용하면 더 많이 빠르게 옮길 수 있다고

고대 그리스 신화 속에서는 거인족인 아틀라스가 땅을 밟고 하늘을 떠받치고 있어서 하늘이 떨어지지 않는다고 생각했다.

도 생각했다.

엄밀하게 말하면 지금 우리가 이야기하는 과학은 아니었다. 과학이라는 말을 쓰기 시작한 것은 19세기에 들어와 철학에서 분리되고 난 이후이니까. 물론 그 이전에는 자연철학이라 불리기는 했다. 과학사적 분류야 어떠하든 바다에서 일어나는 자연현상에 끊임없이 의문을 갖고 그 모습들을 구체적으로 표현하려는 노력은 계속되었다. 예를 들어 바다의 모습을 지도로 만든다든지, 물이 증발되었다가 비로 내려서 해수면은 늘 일정하다는 물의 순환 같은 자연의 이치들을 이해하고 해석하고 싶어 했다. 실제로 세네카^{Seneca, 기원전 54~39}는 해수면이 항상 일정하게 유지되는 이유를 앞의 물의 순환으로 설명하기도 했다.

바다를 이해하고자 하는 적극적인 노력의 흔적은, 기원전 3000년경 이집트에서 파피루스라는 식물로 만든 뗏목의 시대를 마감하고 두꺼운 판자로 배를 건조하여 좀 더 넓은 대양으로 나갈 수 있게 된 것에서도 확인할 수 있다. 기원전 1500년경에는 폴리네시아 사람들이 드넓은 태평양의 섬과 섬 사이를 항해하면서 대나무와 끈 그리고 조개껍데기를 사용해서 언제든지 되돌아갈 수 있도록 그들만의 항해 기록을

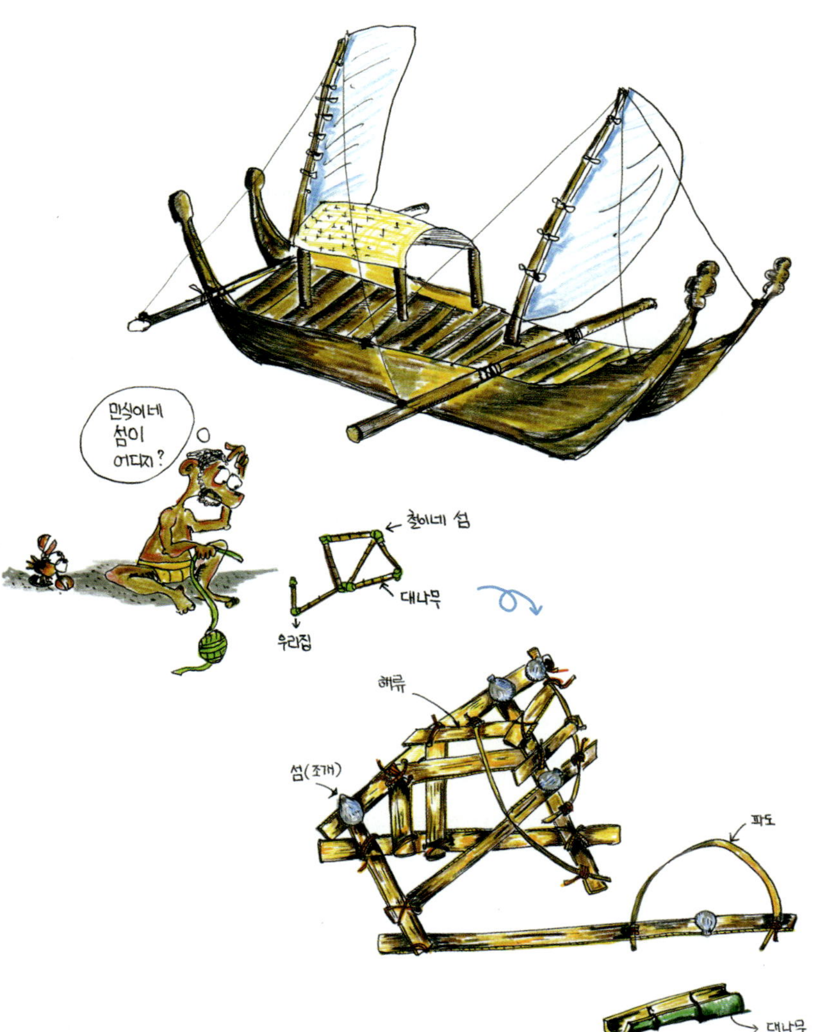

고대 폴리네시아인들은 넓은 태평양에 흩어져 있는 섬과 섬 사이를 항해하면서 조개껍데기와 대나무 줄기를 이용해 마치 사다리를 엮어 놓은 듯한 그들만의 기록 방식으로 항해도를 만들었다.

남겼다. 조개껍데기로 섬을 표시한 뒤 곧고 굵은 대나무와 얇고 휘어지는 대나무를 사용해서 섬과 섬 사이의 해류 방향을 정확히 표시한 대나무 해도를 만들었던 것이다. 페니키아, 이집트나 그리스 사람들은 헤라클레스의 기둥이라고 하는 지브롤터 해협스페인의 남쪽 끝과 아프리카 북서 해안 사이의 해협, 이탈리아 반도와 시칠리아 섬 사이라고 주장하는 사람도 있음과 지중해에서 무역 등 화물을 운반하기 위한 항해를 활발하게 하였다. 물론 선박이나 항해술이 발달하지 않아서 잔잔한 지중해를 중심으로 항해가 이루어졌다. 아마도 지중해를 넘어 대서양으로 나가는 것은 두려웠을 것이다.

기원전 325년이 되어서야 그리스의 항해가이자 지리학자요, 천문학자였던 피데아스Pytheas, 기원전 356~기원전 323가 처음으로 대서양으로 나왔다. 그는 영국의 섬들과 유럽 쪽 대서양 해안을 관찰하고 북극권인 아이슬란드와 노르웨이까지 항해했다. 오랜 탐험과 관찰을 통해 밀물과 썰물이 달 때문에 일어나는 현상일지도 모른다고 생각했는데, 이것은 조석현상에 대한 최초의 과학적 관찰 기록이었다. 비슷한 시기에 유명한 철학자 아리스토텔레스는 『하늘에 관하여』라는 자신의 책에, 지구가 달과 태양 사이에 있어서 지구 그림자에 달이 가려지는 월식 현상 때에 달 표면에 생기는 곡선 형태의 지구 그림자를 보고 ‘지구는 둥글 것이다’라고 기록했다.

기원전 240년경 에라토스테네스Eratosthenes, 기원전 273?~기원전 192?는 지구가 둥글다고 가정하고, 태양의 위치와 알고 있는 두 점의 거리, 그림자의 각도를 이용해 지구 둘레를 계산하기도 했다. 에라토스테네스가 지구 둘레를 계산할 수 있었던 것은, 기원전 500년경부터 그리스의 피타고라스학파 학자들을 중심으로 꾸준히 지구가 둥글다는 주장이 있었던 덕분이다. 그는 상인들의 활동 사항을 적은 파피루스를 읽다가 이집트의 카이로에서 남쪽으로 약 880킬로미터 떨어진 시에네Syene, 에스완의 옛 이름에서는 일 년 중 낮의 길이가 가장 긴 하지 때 한낮에는 우물의 깊은 바닥까지 햇빛이 비친다는 사실을 알게 되었다. 이는 태양이 우물 위에 위치하여 그림자가 생기지 않았다는 뜻이다. 그런데 에라토스테네스 자신이 근무하던 알렉산드리아 도서관 건물의 기둥 그림자는 같은 시기의 같은 시간에 비스듬히 만들어지는 것을 보았다. 그는 막대기를 세워 그림자 각도를 측정했더니 7.2도로 완전한 원의 1/50에 해당했다.

그리스 사람들은 우리가 살고 있는 지구의 지리적 특징, 육지의 모양, 바다의 운동 등에 많은 관심을 가졌으며, 수학적 개념을 기초로 지구의 생김새에 대해서도 과학적으로 접근해 계산을 시도했다.

에라토스테네스는 파피루스의 기록과 도서관 기둥의 그림자 각도를 가지고 지구 둘레를 계산하기 위해 중요한 가정을 하나 했다. 그것은 태양으로부터 오는 빛은 지구 어디에 도착하든 평행할 것이라는 가정이었다. 만약 같은 시각에 시에네에서는 우물의 그림자가 생기지 않고 우물에서 785킬로미터 떨어진 알렉산드리아에 세워 놓은 막대기는 그림자가 지려면 지구가 둥글게 휘어져 있어야만 이러한 현상을 설명할 수 있다고 생각했다. 그래서 '막대기의 그림자 각도(7.2도) : 두 도시 사이의 거리(785킬로미터) = 360도 : 지

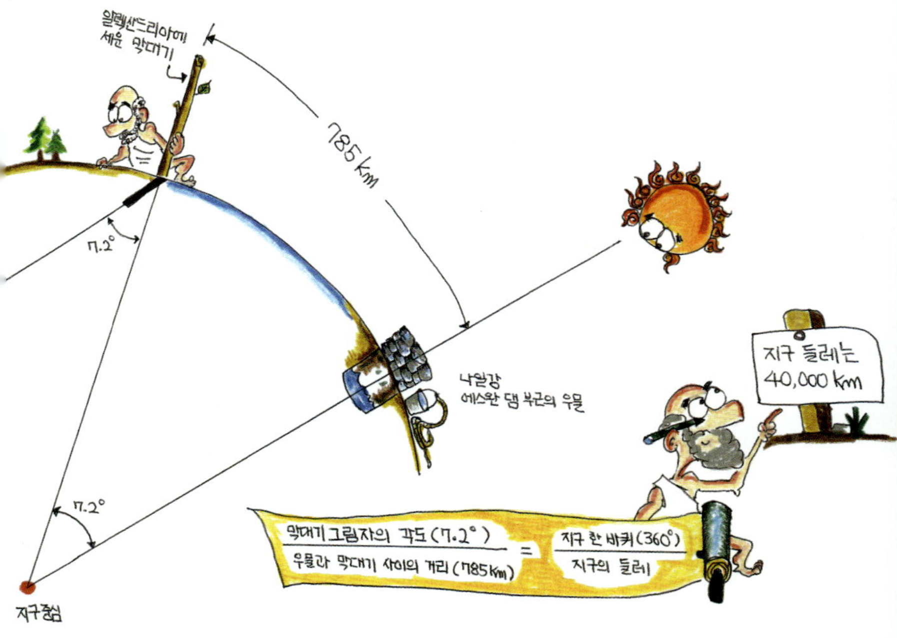

기원전 240년경 에라토스테네스는 지구가 둥글다는 가정 아래 지구의 둘레를 계산했는데 오늘날 과학적 장비를 동원해 계산한 것에 근사해 우리를 놀라게 한다.

구 둘레'라는 비례식을 세웠다. 이 식을 풀어 지구의 둘레가 약 4만 킬로미터에 이른다고 계산해 냈다. 인공위성과 과학 장비들을 이용해 계산한 지구의 둘레가 4만 32킬로미터인 것과 비교하면 너무나 놀라운 결과였다. 그는 지도에 위치를 표시하기 위한 위도선과 경도선을 생각해 내 처음 사용하기도 했다.

고대 그리스 사람들은 오늘날 우리가 과학이라 부르는 모든 분야에서 눈부신 발전을 이루어 문명 시대를 일구어 냈다. 지구와 관련된 놀랄 만한 주장과 그에 대한 증명이 있었는데, 특히 바다에 많은 관심을 보여 해양과학적 내용도 상당했다는 사실이 눈길을 끈다. 그중의 하나가 바다의 깊이를 측정한 것이다. 해상 교역 등을 활발하게 하려면 배를 안전하게 운항할 수 있어야 하므로 눈에 보이지 않는 바닷속 암초나 갑작스럽게 변하는 수심 등 바다에 관한 정보가 필요했을 것이다.

'역사의 아버지'라 불리기도 하는 헤로도토스_{Herodotos, 기원전 495~기원전 428}가 기원전 400년경에 지중해에서 이집트로 가면서 바다의 깊이를 측정했는데, 아마 인류가 바닷속에 관심을 가지고 관찰한 첫 기록일 것이다. 그의 기록에는 '이집트 해안에서 멀리 떨어진 곳이라 바다의 깊이가 깊을 것이라 생각했는데 약 11.5패덤밖에 되지 않고 추에 진흙이 묻어 나왔다'라고 적혀 있다. 그때는 바다 깊이를 측정하는 단위로 패덤_{Fathom, 깊이의 단위로 약 180센티미터인데 시대마다 약간의 차이가 있음}을 사용했다. 패덤은 일정한 간격으로 줄을 묶어서 배가 항해할 때 배 바깥으로 풀어서 배가 진행한 거리와 시간으로 항해하는 속도를 계산했던 것인데 오늘날까지도 바다의 깊이를 표시하는 단위로 쓰인다.

　기원전 100년경에는 그리스의 지리학자인 포시도니우스Posidonium, 기원전 135~기원전 51가 대서양에서 밀물과 썰물의 차이를 측정한 데 이어 지중해 가운데 있는 사르디니아Sardinia 섬 연안의 수심이 1800미터에 이른다고 측정해 냈다. 기원전 20년경에는 그리스의 지리학자 스트라보Strabo, 기원전 64?~기원후 23?가 지중해 중부에 위치한 티레니아 해에서 1829미터의 심해 수심을 측량했으며, 해저의 구조나 대륙과 해양의 모양에 대한 내용을 기록한 것이 전해지는 등 고대 심해 탐구 분야에서 선구적 활동을 벌였다.

　포시도니우스와 스트라보 같은 그리스의 학자들은 그 옛날 어떻게 1000미터가 넘는 수심을 측량할 수 있었을까 하는 의문이 생긴다. 아마도 이들의 수심 측량 방법은 3년간 세계 일주를 해 대탐험의 시대를 연 마젤란의 방법과 크게 다르지 않았을 것이다. 마젤란은 항해 일지에 대마로 만든 줄에 패덤의 단위로 간격을 표시한 뒤 추를 매달아 수심을 측정했다고 적고 있다. 그 이후에도 영국의 물리학자 톰슨William Thomson, 1824~1907이 피아노 줄로 1만 369미터 깊이의

기원전 20년경 그리스의 지리학자 스트라보는 지중해 중부에 위치한 티레니아 해에서 1829미터의 심해 수심을 측량했으며, 바다 밑의 모양이나 해안선의 특징 등을 탐구해 지리학의 선구자로 추앙받고 있다.

수심을 측정하는 등 음파를 이용하는 방법이 나오기 전까지 줄과 추를 이용해 바다의 깊이를 측정했다. 그러나 이 방법은 파도, 조류, 바람, 해류의 영향을 많이 받기 때문에 정확하게 측정하는 데는 한계가 있었다.

스트라보의 해양 관측 이후부터 중세 암흑기를 벗어나기 시작하는 13세기 말까지 1000년 이상은 지리학적 해양 탐구 역시 언제 깨어날지 모르는 깊은 잠에 빠져들었다. 여러 가지 이유가 있었겠지만 당시 세상의 지식을 담아 둔 알렉산드리아 도서관의 수많은 두루마리 기록과 책이 검은 연기 속으로 사라진 것도 한 가지 이유가 되었을 것이라 생각한다.

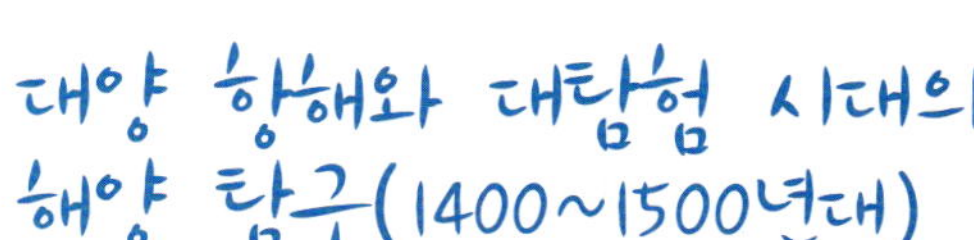

대양 항해와 대탐험 시대의 해양 탐구(1400~1500년대)

"드라이랩Dry Lab., 연구선의 지구물리 장비를 운용하는 연구실로, 주로 해저의 지형, 지층, 수심 자료 등 지구물리 자료를 수집하고 분석하는 곳 근무자와 각조 근무 조장들은 지금 바로 모이세요!"

"수심이 변화를 보이고 예상치 못한 지형도 나타났다는 보고를 받아서 급히 모이라고 했습니다."

"해저 지형도에 없는 대규모 해저산이 나타나는데……. 카메라 조사 계획을 보류해야 하지 않을까 싶은데, 어떻게 생각해?"

"처음 보는 해저산인데 동서 방향으로 5킬로미터 이상

발달해 있습니다.”

“주변에 해저 균열이 있어 함몰된 지역과 암반이 상당할 것 같고…….”

“예정대로 카메라 장비를 내리는 것은 좀 무리겠는데…….”

“우선 이 해저 이상 지형의 크기와 발달 방향부터 정확히 확인해야 할 것 같습니다.”

“좋아요! 그럼 카메라 조사 계획은 잠시 미루어 두고, 단일 해저산인지 아니면 해저 산맥인지 지형 조사부터 해 봅시다.”

“브릿지 당직 항해사에게 탐사 계획이 변경되었다고 통보하고, 새로 수정한 탐사 도면은 10분 후에 올려 보내겠다고 하세요.”

“다른 지형 데이터베이스도 확인해 보고 새로 발견된 것이면 일단 임시로 명칭 붙이고, 야장^{야외 작업할 때에 필요한 자료를 기록하는 공책}에 기록하는 것도 잊지 마세요!”

“아주 오랜만에 태평양이 비밀 하나를 드러내는 것 같은데……!”

“제임스 쿡 선장은 여기에 어마어마한 해저 산맥이 있

다는 것을 알았을까?"

"알았다면 해도에 표시했겠지요! 해도에 없다는 건 몰랐다는 것 아닐까요?"

"오늘 발견한 해저산은 일단 'KODOS 해저산'이라는 이름으로 보고서에 기록하도록 하지."

"앞으로 국제지명위원회에 신청도 해야겠군."

중세 과학 분야의 암흑기가 끝나는 13세기 말에 처음으로 바다를 과학적으로 들여다보게 되는 동기를 부여한 것이 있었다. 바로 11세기 이후 중국에서 들여온 나침반을 사용해 암초, 수로 등 해저 지형과 안전한 항해에 필요한 정보 등을 표시한 포르톨라노 해도Portolano Chart이다. 지중해를 중심으로 그려진 포르톨라노 해도에는 해안선에 대한 세밀한 기록뿐만이 아니라 나침반을 이용해 목적지까지 정확히 항해할 수 있도록 우산살 모양으로 퍼진 32개의 방위선도 표시되어 있었다. 또 지중해 연안은 물론 다른 지역 연안의 수심과 지형 그리고 항해 중에 일어났던 일 등도 기록하여 일종의 항구 안내서와 같은 역할도 했다. 포르톨라노 해도는 기존의 미신과 상상으로 그려 냈던 해도와 달리 정확한 실측에 의한 바다 정보를 기록한 해도라는 점에서 그 의미가 크다.

이와 같은 해도다운 해도의 출현은 유럽이 더 넓은 바다를 탐구하고자 하는 대탐험의 시대를 맞는 계기가 되었다. 서기 90년경 아랍에서 항해용 자침의 사용 기술이 전파되고 중국에서 나침반이 들어옴으로써 항해술이 발전하고 해상 교역 등이 활발해지면서 해양 대탐험의 시대를 열 수 있게 된 것이다.

먼바다까지 항해할 수 있는 항해 지식이 쌓였고, 이를 기반으로 해양 강대국이 지배하는 항로 외에 이 항로를 우회하여 교역할 수 있는 새로운 무역 항로도 개척했다. 또 당시까지는 세상에 알려지지 않았던 아메리카 대륙까지 항해해 갈 수 있는 기반도 다지게 되었다. 이후 1488년 디아스Bartolomeu Diaz, 1450?~1500의 희망봉 발견, 1492년 콜럼버스Christopher Columbus, 1451~1506의 아메리카 대륙바하마 제도, 트리니다드와 오리노코 하구, 온두라스와 파나마 지협의 발견, 1499년 바스코 다 가마Vasco da Gama, 1469~1524의 아프리카 서쪽과 인도양 항로 개척, 1513년 발보아Vasco Nunet de Balboa, 1475~1519의 태평양 발견, 1522년 마젤란Ferdinand Magellan, 1480?~1521의 세계 일주 등 우리

가 너무나 잘 아는 탐험이 이어져 해양 탐험의 르네상스를
열었다.

동양에서는 중국 명나라 때에 "정화1371~1433의 대원정
1405년~1433년"이라고 불리는 16년간의 해양 탐험 활동이 있었
는데, 이는 유럽보다 70년이나 앞선 것이었다. 그 역시 나침
반으로 위치를 찾고 물시계로 배의 속도를 측정하면서 아시
아에서 출발하여 동아프리카까지 30여 개국을 방문했다. 당
시 대탐험의 시대를 주도한 콜럼버스나 마젤란의 탐험 규모
와 비교해도 훨씬 앞설 만큼 해양 관련 기술이 발달해 있었
다. 정화가 이끌고 간 배는 300여 척이며 군인이 2만 7000명
승선했고, 배의 크기는 길이 130미터에 3000톤 규모나 되었
다고 한다. 이처럼 서양보다 70년이나 앞선 해양 탐험의 시
기가 있었지만 명나라 태조 주원장의 해금 정책외국과의 교역이나
해외 출항을 막는 정책으로 해양 진출에 대한 관심이 줄어들면서
동양은 해양과학을 주도할 수 있었던 기회를 놓쳐 버리고 말
았다.

15~16세기에 활발하게 이루어진 해양 대탐험은 나중
에 발전한 해양과학적 지식으로나 증명할 수 있는 관찰 기
록을 상당수 남겼다. 예를 들어 콜럼버스가 포르투갈 서쪽

콜럼버스는 항해 중 오늘날의 해양물리학, 해양화학, 해양생물학에 해당하는 관찰 결과들을 처음으로 기록했다. 배는 콜럼버스가 신대륙을 발견할 때 타고 갔던 길이 23미터, 무게 150톤의 '산타마리아호'이다.

중국 명나라 때 정화는 수백 척의 큰 선단을 이끌고 16년 동안 30여 개국을 항해했다. 정화가 지휘한 배 중 보물선은 3000톤 규모로, 콜럼버스가 신대륙에 도착했을 때 사용한 산타마리아호보다 20배나 큰 배였다.

해양 대탐험의 시대

마젤란은 배로 세계를 일주해 지구가 둥글다는 사실을 체험으로 세상에 보여 줬다. 배는 그가 탔던 110톤급 '트리니다드호' 이다.

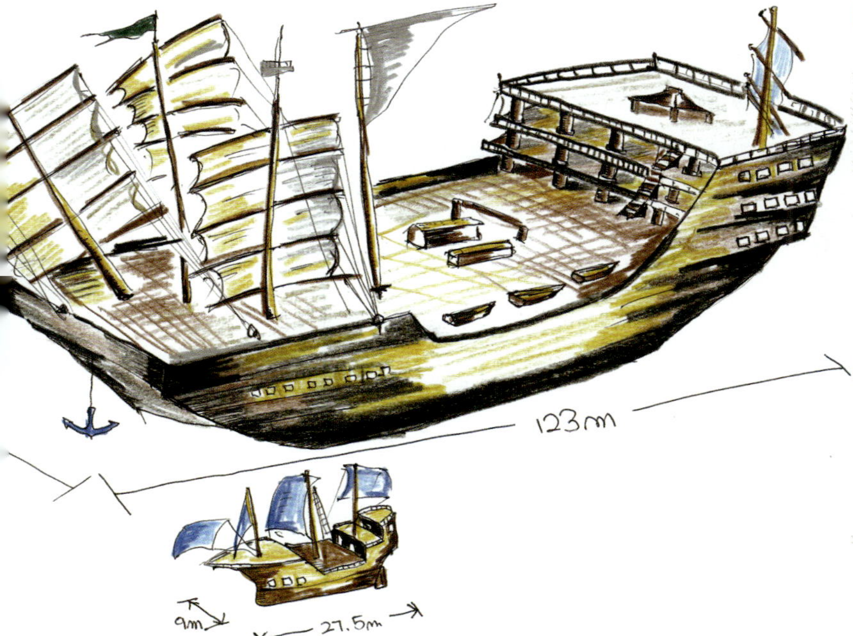

아조레스 군도Azores Islands의 코르보 섬 부근을 통과할 때 나침반의 바늘이 북동에서 북서로 변하는 편각나침반 바늘이 가리키는 자북과 지리상의 북극 간에 생기는 각이 있었고, 지역에 따라 나침반이 가리키는 방향이 다르다고 항해 기록에 적었다. 이 관찰 기록은 지구가 하나의 거대한 자석이라는 것을 알게 되는 계기가 되었으며, 동시에 지구자기장 연구를 시작하게 한 중요한 발견이었다. 또 대양을 항해하는 데 없어서는 안 되는 정밀한 항해술과 나침반 제작 기술이 발전하는 계기도 되었다. 그의 관찰 기록에는 미국 바하마 제도 동쪽 사르가소 해에서 모자반이라는 갈조류가 대서양을 덮고 있다는 바다생물에 관한 내용과, 해역에 따라 바닷물의 짠 정도가 다르다는 염분도 차이를 최초로 적고 있다. 또 북대서양의 수심을 측정할 때에 측심줄이 기울어지는 것을 보고 해류 방향을 관측했다는 기록도 있다.

콜럼버스 외에도 그의 2차 신대륙 원정대에 참여했으며 플로리다를 처음 발견했고 영화 「캐리비안 해적」에 나오는 '영생의 샘물'을 찾기 위해 실제로 탐험한 스페인의 탐험가 후안 폰세 데 레온Juan Ponce de Leon, 1460~1521은, 1513년 바람보다 강한 해류가 있다는 것을 관찰했다. 이 해류는 나중에 바다의 강이라는 뜻의 '걸프스트림' 또는 '멕시코 만류'로 부르게 된다.

그때는 대양을 항해하면서 마주치는 이런 현상들의 원인과 과정을 탐구하는 해양과학적 탐사가 아니라 새로운 땅을 찾아 나선 지리적 탐험이었기 때문에 탐험 과정에서 발견한 특별 현상들로 관찰하는 데 머물 수밖에 없었다. 그럼에도 바닷속을 관찰할 만한 도구나 방법이 마땅하지 않았던 시대였는데 오늘날의 해양생물, 해양물리, 해양화학 분야의 시초라고 이야기할 수 있는 의미 있는 기록 들을 남겼다. 지구가 태양을 중심으로 움직인다고 주장한 코페르니쿠스Nicolaus Copernicus, 1473~1543의 지동설이 당시 사람들의 세계관을 완전히 바꾼 과학적 대사건이었던 것처럼 해양 대탐험의 시대는 바다에 대해 새롭게 눈뜨게 한 해양의 과학적 대발견 시대를 맞는 디딤돌이 되었다.

해양과학적 대발견 시대의 심해 탐구(1700~1800년대)

"저녁 특식이 뭐래? 저녁 때 갑자기 배가 흔들려서 국을 쏟는 바람에 밥을 조금 먹었더니 배가 고픈데……."

"주방에 물어 봤더니 어묵국수라는데요."

"맛있겠는데……."

"하루 종일 속이 더부룩해서 불편했는데 시원하겠군!"

"아! 아까 배 안테나에 부딪혀서 떨어진 바닷새 상태는 어때? 먹이는 줘 봤나?"

"종이 상자에서 자꾸 나와 따뜻한 바람이 부는 해저 케이블 장비 뒤쪽으로 숨기만 하고 먹이를 전혀 먹지 않아요."

“오른쪽 날개를 심하게 다친 것 같아요. 아직 어린 것 같은데…….”

“깊은 밤, 이 망망대해에서 뭐 볼 것이 있다고 날아와 부딪혔는지 모르겠네, 참!”

“연구선 불빛에 먹잇감이 모여드니까 그걸 잡아먹으려 다 그랬겠죠.”

“하긴, 아까 갑오징어 떼가 배 옆에서 돌아다니더군.”

“먹이를 주려고 하는데 손을 어찌나 쪼아 대던지 꽤 아프더라고요.”

“야생 동물이 사람 도움을 받으려 하나, 뭐? 제 스스로 살아남는 게지…….”

“콜럼버스 항해 시대에도 새들이 돛대에 부딪혀 떨어지는 일이 많았을 텐데 어떻게 처리했을까?”

“잡아먹지 않았을까요? 신선한 음식이 부족해서 고생했다고 어디서 본 것 같은데요!”

“사방을 둘러봐야 아무것도 없는 망망대해에서 저 새를 만나니 반갑던데……, 그 사람들도 나와 같은 마음이 아니었을까?”

“그러나저러나 큰일이군. 날개를 다쳤으니 스스로 먹이

를 구하지 못할 텐데……."

"저녁 특식 나왔답니다. 어서 식당으로 오세요!"

"새가 없어졌어요. 아무리 찾아봐도 보이질 않아요."

"저런, 아직 몸도 성치 않은데……."

그날 이후 그 바닷새는 연구선 안에서 더 이상 보지 못했다.

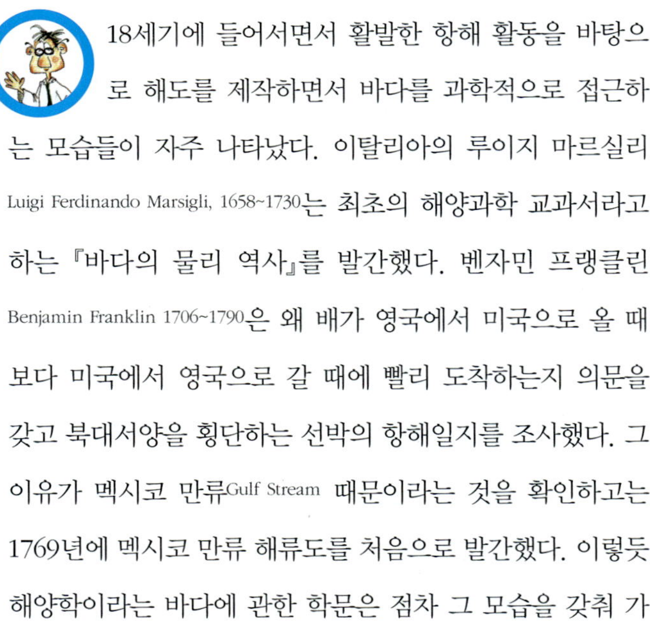

18세기에 들어서면서 활발한 항해 활동을 바탕으로 해도를 제작하면서 바다를 과학적으로 접근하는 모습들이 자주 나타났다. 이탈리아의 루이지 마르실리 Luigi Ferdinando Marsigli, 1658~1730는 최초의 해양과학 교과서라고 하는 『바다의 물리 역사』를 발간했다. 벤자민 프랭클린 Benjamin Franklin 1706~1790은 왜 배가 영국에서 미국으로 올 때보다 미국에서 영국으로 갈 때에 빨리 도착하는지 의문을 갖고 북대서양을 횡단하는 선박의 항해일지를 조사했다. 그 이유가 멕시코 만류Gulf Stream 때문이라는 것을 확인하고는 1769년에 멕시코 만류 해류도를 처음으로 발간했다. 이렇듯 해양학이라는 바다에 관한 학문은 점차 그 모습을 갖춰 가

54

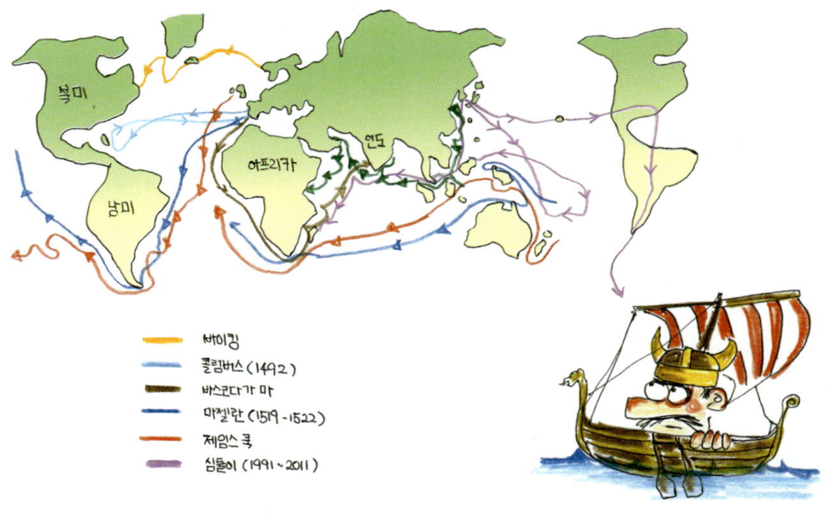

바이킹 시대부터 대탐험 시대까지 탐험가들은 해양학 발전의 시금석이 되었다. 심돌이는 저자이다.

고 있었다.

영국 출신의 위대한 탐험가 제임스 쿡James Cook, 1728~1779 선장은 1768년 배의 길이 30미터, 폭 9미터, 368톤급 석탄 운반선인 '인데버호'로 6만 4000킬로미터를 항해한 1차 탐험을 시작으로 1779년까지 미지의 남방 대륙을 찾기 위해 세 번의 탐사를 했다. 남극 대륙은 확인하지 못했지만 역사상 최초로 남극권을 방문했다남극 대륙은 1840년 발견. 또 남태평양의 많은 섬들을 관측해 오늘날과 같은 태평양 지도를 만들었으며, 세계 일주를 통해 우리가 지금 보는 세계 지도의 형태를 처음으로 그려 냈다. 그의 태평양 해도는 제2차 세계 대전 때 군사적 목적으로 활용했을 정도로 태평양에 널려 있는 수많은 섬들의 위치가 정확하게 표시되어 있었다. 제임스 쿡은 이렇게 정확한 해도를 어떻게 그릴 수 있었을까? 아마도 해상시계라고 부르는 크로노미터의 개발 덕분일 것이다.

사실 마젤란이 세계 일주를 할 때는 태평양의 크기를 정확히 알지 못했다. 그런 상태로 항해를 한다는 것 자체가

근대 해양학의 아버지라고 불리는 제임스 쿡은 세계 일주 항해를 세 번 했으며, 처음으로 과학자가 참여한 해양과학 활동을 펼쳤다. 배는 제임스 쿡이 1차 탐험에 사용한 '인데버호'이다.

무모한 모험이었다. 콜럼버스도 상황은 마찬가지로, 인도를 찾아 무작정 서쪽으로 항해하다가 중간에 지금의 미국 대륙에 도착했으니 다행이었지 아니면 참으로 참담한 결과를 가져왔을지도 모를 일이었다. 육지가 보이지 않는 큰 바다를 항해하면서 자신의 배가 얼마나 멀리까지 항해해 왔으며 현재 어디에 있는지를 전혀 몰랐던 것인데, 생각해 보면 항해를 하면서 이보다 더 끔찍한 상황은 없을 것이다.

독일의 천문학자인 프리시우스Gemma Frisius, 1508~1555는 1530년에 이동한 거리만큼 소요된 시간을 재서 경도지구의 남극과 북극을 이어 선을 그으면 수많은 자오선이 만들어지는데, 영국의 그리니치 천문대를 지나는 자오선을 중심으로 동쪽과 서쪽으로 0도에서 180도를 표시한 좌표를 측정할 수 있다고 처음으로 주장했다. 그 후로 한참의 시간이 흐른 뒤 영국의 존 해리슨John Harrison, 1693~1776이 태엽을 사용해 흔들리는 배에서도 정확한 시간을 알려 주는 해상시계크로노미터, Marine Chronometer를 만들면서 좀 더 정확하게 경도를 측정할 수 있게 되었다.

해상시계를 이용해 경도를 측정하는 원리는 의외로 간단하다. 구의 형태를 가진 지구는 360도이고 한 바퀴 도는데 24시간이 걸리므로 한 시간에 15도씩 회전한다. 그렇다면 배가 출발한 항구의 경도는 알고 있으므로 출발할 때와 현재 위치의 해상시계 시간을 각각 정확히 측정하면 내가 이동한 경도의 범위를 알 수 있으므로 그 시간차만큼 이동한 거리를 구할 수 있다. 정확한 해상시계의 등장에 가장 큰 혜택을 누린 사람이 바로 제임스 쿡이었다. 해상시계를 이용해 정확한 경도를 측정해 자신이 방문했던 섬들의 위치를 정확히 기록할 수 있어서 정밀한 해도를 만들 수 있었다. 이 해도는 영국이 이 지역의 많은 섬을 식민지로 삼는 데 한몫했다.

19세기에 들어서도 사람들은 항해와 관련 있는 기술과 과학 원리에만 관심이 있었지 바닷속에 대한 관심은 없었다. 국가의 이익을 최대한 만들어 낼 수 있는 새로운 해상 교역로를 찾아내고, 새로운 식민지를 찾는 데만 관심이 있었기 때문이다. 그러나 제임스 쿡이 단순히 항해만 한 것이 아니라 과학적 조사 활동을 벌였던 것을 시작으로 점차 바다에 과학적으로 접근하는 일이 늘어났다. 특히 1837년 모르스Samuel Finley Bresse Morse, 1791~1872가 전신기를 발명한 뒤 아메리카와 유럽 대륙 사이에 해저 케이블을 설치하는 일이 중요한 과제가 되었다. 이는 대양과 심해에 대한 연구를 촉

진시키는 중요한 요인 중의 하나가 되었다.

1843년 포브스Edward Forbes, 1815~1854라는 영국 사람이 '수심 549미터 이하의 깊은 바다에는 동물이 생존할 수 없다'는 심해 무생물 가설을 발표했다. 2500년 전 아리스토텔레스가 에게 해에서 수심이 깊어질수록 생물의 종류가 적어진다고 관찰한 결과가 맞는 것인지 확인하기 위해 그는, 드렛지로 채집한 해저 퇴적물 속의 생물을 관찰하고 수심에 따른 생물의 개체 수 변화 결과를 종합해 이런 가설을 내놓았다. 그 당시 사람들은 빛이 전혀 없고 차가운 수온과 수압 때문에 생물이 살 수 없을 것이라 생각했기 때문에 포브스의 무생물설은 상당한 설득력을 얻었다.

그러나 1860년 지중해 한가운데 있는 사르디니아Sardinia 섬과 알제리 사이에 전보 송신을 위해 해저에 깔아 놓았던 케이블을 인양해 보니 해삼과 말미잘 같은 무척추동물이 케이블에 달라붙어 살고 있었다. 이 사실을 확인하고는 포브스의 심해 무생물 가설은 과학자들에게 의심을 받기 시작했다. 결국 챌린저호의 탐사 대장인 와이빌 톰슨Wyville Thompson, 1832~1882이 북대서양 수심 4500미터 해저에 살고 있는 생물을 채집함으로써 바닷속 4000미터 이상의 깊이에도 생물이 살고 있다는 사실이 밝혀졌다. 이로써 '심해 무생물설'은 가설로서의 생명을 다하고 역사의 뒤안길로 사라지게 되었다. 심해에 생물이 살고 있다는 사실은 1951년 덴마크 탐사선이 마리아나 해구에서 드렛지 작업을 했을 때에 그 안에 생물들이 살고 있는 것을 확인함으로써 좀 더 확실해졌다. 결과적으로는 '심해 무생물설'의 퇴장이 심해 연구에 더 많은 관심을 불러일으키는 계기가 되었다.

이 밖에도 19세기에는 광범위한 수심 측정으로 1849년 미국 연안의 대륙붕과 대륙사면의 지형을 그려 냈고, 1869년에는 과학적 탐사 항해 중에 해저산을 처음으로 발견하는 성과도 거뒀다. 근대 해양물리학의 아버지라 일컬어지는 모리Matthew Fontaine Maury, 1806~1873는 1855년 최초의 영문 해양학 도서라 할 수 있는 『바다의 물리지리학The Physical Geog-raphy of the Sea』을 발간하기도 했다.

1831년 영국을 출발한 242톤의 해군 측량선 비글호는 남아메리카 해안을 따라 해양 관측을 하면서 페루에서 1000킬로미터 떨어진 갈라파고스 제도에 도착했다. 이때 다윈Charles Darwin, 1809~1882이 비글호에 동승해 갈라파고스의 원시 환경에 살고 있는 생물들의 적응현상을 관찰하고 진화론의 바탕을 세운 것은 유명한 이야기이다. 비글호는 남태평양, 인도양, 대서양의 여러 섬을 탐험한 뒤 1836년에 영국으로 돌아왔고, 알려진 대로 다윈은 1859년『종의 기원The Origin of Species』을 발표했다. 비글호의 탐험 활동은 과학적 심해 탐사와 근대 해양학의 시작이라 할 수 있는 챌린저호의 역사적 심해 탐사가 이루어지는 계기가 되었다.

1872년 배 길이 61미터, 폭 12미터, 2306톤의 전투함을 개조한 챌린저호H.M.S. Challenger는 네어스 선장Geoge Strong Nares, 1831~1915과 톰슨 탐사 대장을 포함해 243명의 선원과 6명의 과학자 그리고 최신의 관측 및 연구 장비를 싣고 영국 플리머스 항을 출발했다. 챌린저호는 남대서양, 남아프리카, 남인도양, 남극, 호주, 뉴질랜드, 하와이, 태평양과 대서양이 만나는 남아메리카를 지나 대서양을 통해 영국으로 돌아오는 세계 일주 항해를 함으로써 인류 역사상 처음으로 심해 과학 탐사를 3년 반 동안 수행했다. 이 기간 동안 총 항해 거리는 12만 7000킬로미터이며, 362개 지점에서 492회에 걸쳐 심해 퇴적물을 채집했고, 1만 3000점의 바다 동물과 식물 표본을 채집했다. 또 위도별, 수층별로 채집한 해수 시료

챌린저호가 3년 반 동안 세계를 일주한 것은 해양과학적 탐사를 목적으로 한 인류의 첫 번째 항해였다. 깊은 바닷속에 있는 산맥 등 다양한 해저 지형, 해수의 염분과 그 밀도, 해양 생물, 해저 퇴적물, 해류와 기상 등 해양의 거의 모든 분야를 체계적으로 연구한 최초의 종합 대양 연구 프로그램이었다.

가 1441개에 달했다. 이때 얻은 심해 생물 표본은 많은 생물학자들의 관심을 받았는데, 이는 다윈의 『종의 기원』 발표 이후 관심을 갖게 된 생물 진화의 고리를 풀어 줄 수 있을 것이란 기대 때문이었다. 육상에서는 볼 수 없었던 화석처럼 생긴 생물들이 깊은 바닷속에서 채집되자, 육상 환경의 변화 속도에 비해 비교할 수 없을 만큼 느릴 것으로 생각되는 바닷속 환경에 육지에서는 찾을 수 없었던 진화의 실마리를 풀어 줄 고생물체가 살고 있을지도 모른다는 기대였다.

챌린저호 탐사에서는 심해까지 내린 그물에 오늘날 심해저 광물자원 개발의 주요 대상이 되는 망간단괴지름 1~25센티미터의 감자 모양 금속산화물로 망간의 함량이 높아서 망간단괴라고 부르지만, 40여 종의 금속이 함유되어 있는 광물 덩어리가 심해 생물과 함께 끌어올려져서 세상에 처음 공개되었다. 이때 채취한 해수의 화학 성분을 분석하여 바닷물의 염분은 채취 장소에 따라 다를 수 있지만 화학적 성분간 구성 비율은 모든 대양에서 일정하다는 '해수 성분 상대비의 일정법칙Law of relative proportions'을 증명하기도 하였다. 대양의 수심 4킬로미터 심해 바닥에서 플랑크톤과 같은 생물체의 골격 잔해로 된 미세한 입자의 원양성 퇴적물Pelagic deposits인 심해 연니생물 기원 입자가 최소한 30퍼센트가 포함된 퇴적물로, 석회질 연니와 규질 연니가 있음와 원양성 점토pelagic clay, 적점토red clay라고도 함를 채집해 분석하여 심해저를 구성하는 퇴적물의 형성 과정에 대한 해석도 시도했다. 태평양의 마리아나 해구 부근에서는 수심 8184미터도 성공적으로 측량했다. 대서양을 탐사할 때는 대서양 중앙에 남북 방향으로 길게 연결된 해저 산맥을 발견했으며, 수심 183미터 이하에서는 수온의 변화가 거의 없어 심해의 수온이 거의 일정하다는 사실도 확인했다.

챌린저호의 탐사는 심해 산맥 등 다양한 해저 지형, 해수의 염분·밀도, 해양 생물, 해저 퇴적물, 해류와 기상 등 체계적인 해양 연구가 이루어진 최초의 '종합 대양 연구 프로그램'이었다. 이때 수집한 자료들은 그 후 수십 년 동안 해양 연구의 거의 모든 분야를 아우르며 연구 자료로 활용되었다. 챌린저호의 탐사로 밝혀진 여러 현상들은 이후 해양학이라는 바다에 관한 학문을 싹 틔우는 계기가 되었으며, 다른 나라들도 앞을 다투어 심해 연구 분야에 뛰어들게 한 원동력이 되었다.

심해 개발 시대의 개막과 심해 탐구(1900년대~)

"이 선생! 장비에 무슨 문제라도 있나?"

"장비를 내리기 전에 카메라의 광케이블 신호 상태를 확인했는데 dB데시벨, 신호 세기의 단위 값이 낮아서요."

"그럼 장비가 내려가면서 수압 때문에 문제가 생길 텐데?"

"시간은 좀 걸리겠지만 점검하고 나서 한 2000미터까지만 내려 보는 테스트를 해야 할 것 같습니다."

"영상 조사 시작하는 지점에 도착하려면 2시간쯤 남았으니까 도착 1마일 전에 시작하지!"

“그때까지는 좀……. 연결 단자의 신호를 점검하고, 케이블 송신 상태 확인하고 광케이블을 연결해 몰딩한 것 굳으려면 몇 시간은 걸립니다.”

“할 수 없지, 뭐!”

“심해 수압이 언제 우리 사정 봐준 적 있나? 절대 예외가 없는 게 심해 환경이잖아!”

“심해는 단호하고 정확해서 마음에 들어!”

“광케이블 연결과 점검이 끝났습니다.”

“수고하셨습니다. 배의 흔들림이 가장 적은 방향으로 자리 잡고 광통신 케이블을 작동시키세요!”

“현재, 케이블 4000미터 풀렸습니다.”

“좋아요! 카메라 장비가 안정된 위치를 잡도록 케이블 윈치 정지하고 1노트 속도로 천천히 이동합시다.”

“카메라 상태는 어때?”

“아주 좋습니다. 별문제 없겠는데요!”

“해저면 5미터 전! 케이블 정지! 고도계 작동 시작!”

“어! 저거 뭐야? 지금 물고기였지? 무지 놀랐나 본데. 쏜살같이 사라졌어.”

"와, 저 망간단괴 깔
려 있는 것 좀 봐! 제곱미
터당 20킬로그램은 되겠
는데!"

"전에 여기서 시료 분
석했을 때, 부존율이 얼마
나 나왔지?"

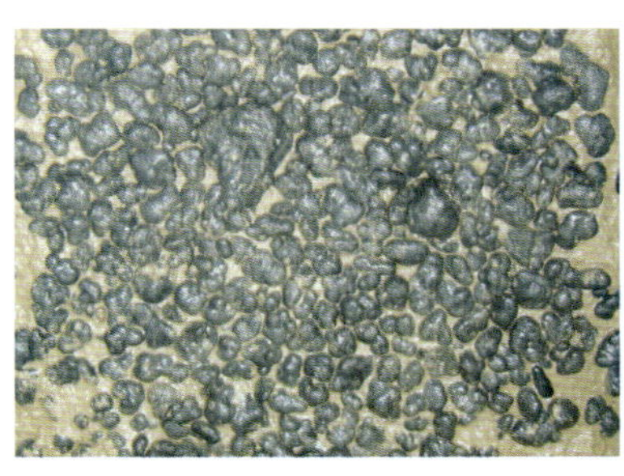
망간단괴

"어디 보자! 9킬로그램입니다."

"카메라 조사하면서 근무자는 특이 사항 놓치지 말고,
사진 찍고 기록하세요!"

"망간단괴 깔린 것을 직접 눈으로 보니까 이제야 마음
이 놓이네."

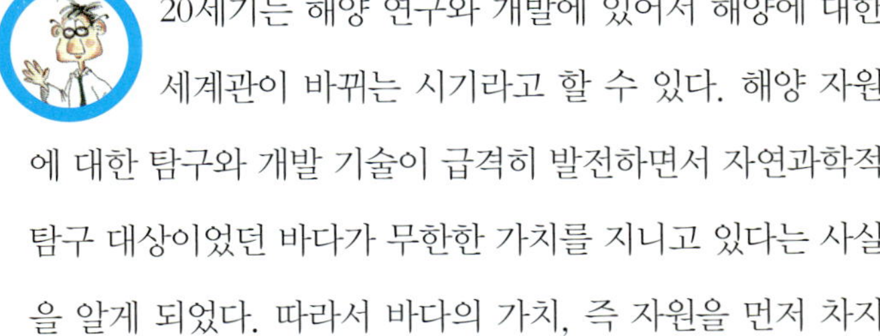

20세기는 해양 연구와 개발에 있어서 해양에 대한
세계관이 바뀌는 시기라고 할 수 있다. 해양 자원
에 대한 탐구와 개발 기술이 급격히 발전하면서 자연과학적
탐구 대상이었던 바다가 무한한 가치를 지니고 있다는 사실
을 알게 되었다. 따라서 바다의 가치, 즉 자원을 먼저 차지
하기 위한 과학적 활동과 영토 주권의 주장이 과학 기술 선

진국을 중심으로 활발하게 이루어진 것은 당연한 결과였다. 옛날 바닷길을 확보하기 위한 무역로 쟁탈이 수평적 도전이었던 것에 비해 심해를 포함한 해저에 있는 부존자원을 확보하기 위한 오늘날의 탐사 활동은 입체적이고 수직적인 도전이 될 수밖에 없다. 그에 따라 해양을 바라보는 세계관도 포괄적으로 변하게 되었다.

19세기 후반부터 화석연료 중 하나인 석유의 사용이 늘어나면서 그에 대한 중요성이 강조되었다. 20세기에 들어서는 육지에 매장되어 있는 석유뿐만 아니라 바닷속에 묻혀 있는 석유도 뽑아 올릴 수 있는 기술이 개발되었다. 자연스럽게 기술을 보유한 선진국들이 해저 유전을 선점하려고 나섰다.

보통 해저 유전은 연안이나 대륙붕대륙이나 큰 섬 주변에 수심 200미터 내외, 10도 정도의 완만한 경사를 이루는 해저 지형으로 전체 해양의 8퍼센트를 차지에 많은데, 자기 나라 주변의 대륙붕과 연안의 소유권을 주장하기 위해 바다를 영토화하는 「해양법」을 미국이 먼저 제정했다. 이 법은 바다 밑에 있는 자원을 확보하기 위한 것으로, 해양을 영토로 규정하는 새로운 개념을 도입하여 국가 간에 또다른 갈등과 분쟁의 출발점이 되었다. 사실 처

해저의 부존자원을 개발하는 기술이 발전하면서 바닷속 자원을 차지하기 위해 해양을 영토로 주장하게 되었다. 이후 세계 각국은 해저 자원을 먼저 확보하기 위한 무한 경쟁을 펼쳤다. 이는 바다를 항로라는 수평적 시각으로만 바라보던 것에서 바닷속까지 포함하는 입체적 대상으로 보게 되는 계기가 되었다.

음 바다에 경계선을 그은 것영해, Territorial sea은 1703년으로, 해안에서 포탄을 쏘아 도달하는 거리인 3마일약 5킬로미터을 바다 쪽의 경계로 삼았다. 오늘날은「유엔해양법」에서 영해는 12마일약 18.2킬로미터, 배타적 경제수역Exclusive Economic Zone, EEZ은 연안 국가의 기점으로부터 200마일약 370킬로미터까지 인정하고 있다. 배타적 경제수역을 넘어선 모든 바다는 공해이고, 공해는 특정 국가가 영유권을 주장할 수 없다.

1950년대 바다를 영토화하려는 해양 선진국의 경쟁이 치열한 가운데 심해에서 건져 올린 감자 덩어리 모양의 망간단괴라는 광물 속에 망간, 철, 니켈, 구리, 코발트와 같은 금속이 경제적으로 이용할 수 있을 만큼 많이 들어 있다는 것을 알게 되었다. 실제로 심해저 망간단괴 1톤에서 채취하는 구리, 니켈, 코발트의 양은 육지 광상에서 채굴한 토사 1톤에서 얻는 양의 2배가 넘는다. 경제성이 있고 산업적 가치도 높은 자원이 심해에 묻혀 있다는 사실이 알려지자, 이를 채취할 수 있는 해양 기술을 갖고 있는 선진국이 차지하는 것은 시간문제였다.

유럽 지중해에 있는 섬나라 몰타Malta의 파르도Avid Pardo 대사가 1967년 국제연합UN, United Nations의 최고 의결기관인

유엔 총회에서 주인 없는 공해상의 심해저 자원은 인류의 공동 자산으로서 누구도 독점할 수 없으며 오로지 인류 전체의 이익과 발전을 위해 개발되어야 한다고 역설했다. 파르도 대사의 제안은 1970년 유엔 총회에 상정되었으나, 이해관계가 얽혀 있는 국가 간의 첨예한 대립으로 오랜 시간이 지난 1982년에야 117개국이 서명함으로써 「유엔해양법협약」은 발효만을 남겨 두게 되었다. 이로써 공해상에 있는 심해저 광물자원은 21세기 해양 활동을 규정하는 「유엔해양법협약」에 의해 인류 공동의 이익을 위해 개발되고 관리되는 지위를 갖게 되었다.

바다의 헌장이라 할 수 있는 「유엔해양법협약」은 바다의 영토인 영해, 대륙붕, 배타적 경제수역, 국제 항행, 어업 활동, 해양 오염 방지 및 해양과학 조사 등 해양의 관리와 보전에 관한 광범위한 내용을 담고 있다. 그러나 심해저 광물을 개발하는 데에는 여러 가지 제약을 두었다. 이미 육상에서 광물자원을 생산하고 있는 국가들을 보호하기 위해 생산량을 제한하거나 강제 기술 이전과 같은 복잡한 제한 내용들도 포함하고 있어 해양 선진국들이 가입을 꺼려했기 때문에 협정으로서의 성격을 유지하기 어려웠다. 이들은 1990년 초

협약의 발효가 가까워지자 문제점으로 제기된 심해 개발을 통제하는 심해저 제도에 대한 폭넓은 손질을 요구했다. 실제로 심해저 개발에 주체적으로 참여할 서방 선진국들이 주장하는 대로 자유 경쟁을 통한 개발로 협정 내용을 조정하는 작업이 이루어졌다.

「유엔해양법협약」은 심해 광물자원의 중요성과 관련 국가들의 이해관계가 첨예하게 대립되어 장장 12년 동안의 치열한 논의 끝에 1994년이 되어서야 발효되었다. 이 협약에 따라 정부간 국제기구인 국제해저기구ISA, International Seabed Authority가 만들어졌다. 이 기구는 각 국가의 영해 밖 공해에서 이루어지는 심해저 광물자원의 개발을 관리·감독하게 된다. 새로운 해양 질서의 상징인 바다 헌장유엔 해양법협약은 이후 유럽연합을 포함해 모두 162개국이 가입했다.

이제 심해는 미지의 세계에 대한 과학적 탐구 대상에서 부존자원이 풍부하여 부족한 육상 자원을 대체할 수 있는 지구의 마지막 개척지로 그 의미가 바뀌었다. 챌린저호가 처음 망간단괴를 발견한 이후 고작 100여 년 만에 바닷속 깊은 곳에 잠자고 있는 광물 덩어리를 끌어올려 상업적으로 이용할 수 있게 된 것은 심해 과학 기술이 빠르게 발전한 덕분이다. 심해 과학 기술은 이미 무인 잠수정과 해저 로봇이 실용화되어 있으며, 지구상에서 가장 깊은 곳까지 사람이 직접 들어가 탐구할 수 있게 하는 유인 잠수정도 활용하는 수준에 이르렀다.

현재 심해 자원을 개발하는 기술 수준은 수심 3000미터를 통과했다. 해저 자원을 발굴하고 생산하는 데 필요한 생산 설비와 장비를 총칭하는 해양 플랜트_{용도에 따라 시추용 플랜트와 생산 저장 및 하역 설비용 플랜트, 모양에 따라서 해저에 고정시키는 고정식과 이동할 수 있는 부유식으로 각각 구분}, 심해 시추, 해양 로봇 등 관련 기술의 발전 속도를 보면 앞으로 8년쯤 뒤에는 수심 5000미터에 있는 심해 광물자원도 개발할 수 있을 것이다. 그때는 채광 로봇 시스템이 하루에 수만 톤의 망간단괴를 생산해 산업 현장에서 필요한 금속 자원을 제공하게 될 것이다. 이처럼 심해저 자원의 개발은 기술과 자본이 모두 필요한 새로운 개념의 해양 개발 영역으로 자리 잡고 있다.

| 심해저 망간단괴 이야기 |

"1991년 미국 연구원들과 태평양 탐사를 가셨을 때에

심해저 망간단괴의 탐사와 채취

박사님이 망간단괴를 검은 황금이라고 하신 게 맞나요?”

“흠, 실은 내가 ‘망간단괴가 미래에는 검은 황금이 될 것’이라 말했고, 미국 연구원이 내 말에 동의했다는 것이 맞는 말이지!”

“망간단괴에 검은 황금이라고 별명을 붙인 이유가 있나요?”

“망간단괴는 순수한 우리말로 표현하면 망간 덩어리가 되는데, 망간으로만 된 덩어리라는 뜻이 아니라 함유되어 있는 금속 중 망간이 제일 많아서 그렇게 부르는 것이지. 다른 말로는 다금속단괴Polymetallic nodules라고도 하는데 말 그대로 여러 가지 금속 덩어리라는 뜻이지!”

“네, 약 40여 종의 금속 성분이 들어 있으니 다금속단괴라 부르는 것이 의미로는 정확하지요.”

“그래, 그 망간단괴에 요즘 반도체, 특수 합금, 전지 등에 많이 사용하는 희토류Rare Earth Element 금속도 상당량 함유되어 있으니, 그 가치를 생각하면 가히 21세기의 검은 황금이라 해도 지나치지 않을 것 같았어!”

“처음에 망간단괴를 발견한 사람들은 그렇게 다양한 금속이 함유되어 있는지는 몰랐던 것 같아. 챌린저호가 탐사를 시작하기 1년 전······, 그러니까 1873년에 서아프리카 모리타니아 쪽 대서양에서 영국 원정대가 저인망으로 해저 바닥을 훑어 망간단괴를 건졌는데 뭔지 몰랐다고 하더군."

"그 가치를 모른 채 지내다가 1958년에야 화학 실험을 해보고 나서 엄청난 노다지였다는 것을 알게 된 것이지. 깊은 바다에서 수백만 년 전부터 아주 조금씩 서서히 만들어진 경이로운 금속 광물이라는 사실을 말이야."

"난 처음 연구선에 1톤 정도의 망간단괴가 올려졌을 때 나던 그 냄새를 아직도 잊을 수가 없어. 건져 올린 망간단괴를 수십 개의 분석용 상자에 나눠 담는데 군내 같기도 하고 며칠 동안 빨지 않은 양말 냄새 같기도 하고······, 하여튼 매력적인 향기라 할 수는 없었지!"

"오랫동안 심해에서 바닷물과 버무려져 숙성된 향기가 아닐까요?"

"맞아, 맞아! 그거 아주 정확한 표현인데······, 하하하."

"태평양 심해에서 건져 올린 망간단괴를 직접 만져 보고 냄새 맡아 본 사람들만이 공감할 수 있지"

"아마 140년 전 챌린저호에 탑승했던 그 누군가도 나와 똑같이 숙성된 망간단괴의 향기를 맡았겠지?"

챌린저호의 탐사로 태평양에서 망간단괴가 처음 발견되었고, 1899년에는 독일 발디비아호가 대서양과 인도양을 탐사하던 중 망간단괴를 채취했다. 이후 70개국이 참여한 국제지구물리관측년1957~1958년 기간에 실시한 지구물리학적 환경 조사에서 모든 대양의 심해에는 꽤 많은 양의 망간단괴가 분포하고 있다는 사실을 알게 되었다. 심해저 광업이라는 새로운 산업 분야가 생겨난 오늘날에는 단순히 광물을 발견하는 게 목적이 아니다. 얼마나 많은 양이 매장되어 있으며 경제성은 얼마나 높은지, 또 어떤 방식으로 개발해야 환경에 영향을 덜 주어 환경을 파괴하지 않고 보존하며 개발할 수 있는지를 생각하는 수준에까지 이르렀다.

망간단괴는 전 세계 대양의 해저에 분포하며, 호수에서도 만들어진다. 지금까지 지구상에 분포하는 것으로 밝혀진 심해저 망간단괴 가운데 상업적으로 생산하기에 충분한 매장량이 있고 그 속에 들어 있는 금속의 양이 경제적 조건까지 갖춘 곳은 태평양과 인도양 심해저 정도이다. 태평양에는 꽤 여러 군데에 망간단괴가 매장되어 있는 것으로 확인되었다. 그중 상업적으로 생산할 만한 지역은 하와이에서

동남 쪽으로 3000킬로미터쯤 떨어져 있는 클라리온-클리
퍼톤 균열대 사이이다.

북쪽에 있는 클라리온과 남쪽에 있는 클리퍼톤 균열대
는 각각 동서로 3600킬로미터 정도 발달해 있는데, 두 균열
대 사이가 1000킬로미터나 되는 거대한 자연의 작품이다.
동태평양에 있는 작은 섬 이름에서 유래된 클라리온-클리
퍼톤 균열대 주변 수심은 3800~5600미터이며 평탄한 지형
에 퇴적물이 수백 미터 두께로 쌓여 있다. 이곳의 퇴적물은
1000년에 1센티미터 이하로 아주 느리게 쌓인다.

클라리온-클리퍼톤 균열대 사이 심해저에 부존하는
망간단괴의 양은 약 124억~540억 톤에 이르는 것으로 알려
져 있다. 이 지역에는 여러 나라가 망간단괴 개발을 위한 광
구를 갖고 있다. 한국, 미국, 프랑스, 일본, 러시아, 중국, 독
일, 동구권 컨소시엄_{폴란드, 불가리아, 체코}이 똑같은 7만 5000제
곱킬로미터 크기의 광구를 갖고 있으며, 그 밖에 여러 나라
가 합자한 컨소시엄_{미국 · 벨기에 · 이탈리아 컨소시엄, 미국 · 일본 · 캐나다 ·}
_{독일 컨소시엄, 미국 · 일본 · 영국 · 캐나다 컨소시엄}도 각각의 광구를 이 지
역에 갖고 있다.

한국을 포함해 7만 5000제곱킬로미터 면적의 광구를

북동 태평양 해역에 있는 클라리온–클리퍼톤 지역은 망간단괴 자원의 보물창고이다. 이곳에는 대한민국(빨간색), 중국(파란색), 프랑스(녹색), 일본(연보라색), 독일(쑥색), 러시아(갈색) 등이 개발할 땅(광구)을 갖고 있다. 우리나라는 우리나라 면적의 14배나 되는 심해를 탐사한 끝에 지금의 광구로 결정하게 되었다.

갖고 있는 국가들은 모두 심해저 자원의 개발을 관리하는 국제기구인 국제해저기구의 심의를 통해 확보한 것이다. 우리나라는 국제해저기구를 통해 태평양 망간단괴 개발 광구를 갖게 된 7번째 나라이다. 이 지역에 광구를 보유하고 있는 국가들은 면적 15만 제곱킬로미터를 등록하고 있는데, 절반에 해당하는 7만 5000제곱킬로미터만 독점적으로 개발하고 나머지 7만 5000제곱킬로미터는 인류 공동의 이익과 발전을 위해 국제해저기구가 관리한다.

우리나라가 보유한 태평양 클라리온-클리퍼톤 해역의 심해저 망간단괴 광구도 7만 5000제곱킬로미터이다. 이는 우리나라 면적 9만 9000제곱킬로미터의 3/4에 해당한다. 이렇게 넓은 해저 광구에 있는 망간단괴의 양은 총 5억 6000만 톤으로, 연간 300만 톤 여러 조건을 따져 우리가 산정한 연간 생산 목표량 씩 생산한다고 해도 100년 이상을 채굴할 수 있는 막대한 양이다.

깊은 바닷속에 매장되어 있는 금속 광물자원을 편리하고 효율적으로 생산하기 위해 채광로봇을 개발하기도 했다. 이 로봇의 이름 '미내로 Minero'는 Mine Robot의 합성어인데, 소리 나는 대로 읽으면 '미래로'라는 느낌이 든다. 2009년에 채광로봇 미내로 I을 개발해 수심 100미터에서 성능

인류는 심해를 탐구하는 수준을 넘어 개발하는 단계에 이르렀다. 우리나라는 심해 망간단괴 자원을 상업적으로 채굴하는 장비를 개발하고 있는데, 사진은 심해 광물 자원을 채광하기 위해 독자적으로 개발한 최초의 미래형 채광로봇 '미내로 (MineRo) Ⅰ'이다.

시험까지 성공적으로 끝내고 선보였다. 이 로봇은 연간 300만 톤의 망간단괴를 생산할 수 있는 실제 채광로봇보다 1/20 정도 크기의 시험용 채광로봇이다. 2012년 말에는 연간 생산량 300만 톤의 1/5 크기에 해당하는 채광로봇 미내로 II를 개발해, 수심 1000미터 깊이의 깊은 바다에서 성능 시험을 수행할 예정이다.

망간단괴는 해수와 퇴적물에 있는 금속 성분이 해저면에서 물리·화학적 작용에 의해 침전되면서 형성된 3~25센티미터 크기의 감자 모양의 금속산화물이다. 이 광물 덩어리에는 망간 20~30퍼센트, 철 5~15퍼센트, 니켈 0.5~1.5퍼센트, 구리 0.3~1.4퍼센트, 코발트 0.1~0.3퍼센트가 들어 있으며 이외에 40여 종의 유용 금속이 함유되어 있다. 최근 주목받고 있는 LED Light-Emitting Diode, 발광다이오드, 스마트폰, 반도체, 광섬유, 2차 전지, 전기 자동차나 풍력·수력 발전기, 특수 목적의 합금 등을 만들 때에 없어서는 안 되는 희토류가 많이 함유되어 있다는 사실이 알려지면서 이 희토류를 회수해 자원화하는 기술에도 관심이 쏟아지고 있다.

지금까지 망간단괴에 함유되어 있는 금속 성분 중 상업

적으로 많이 이용하는 것은 4대 전략 금속이라 부르는 니켈, 구리, 코발트, 망간이다. 망간은 철강 산업에 반드시 필요한 소재이고, 구리는 통신 및 전력 산업에서 많이 사용된다. 니켈은 화학 플랜트와 정유 시설에 활용되는 금속이며, 코발트는 항공기 엔진을 만들거나 의료 장비와 같은 특수 합금을 만드는 데 꼭 필요한 자원이다. 이 4대 금속이 육상 광상물 1톤에 함유되어 있는 것보다 망간단괴 1톤에 함유되어 있는 양이 2배 정도 많은 것으로 알려져 있다.

망간단괴를 절반으로 잘라 보면 심해 퇴적물, 생물의 뼈나 이빨, 돌멩이 같은 물질을 핵으로 하여 마치 나무가 자라듯이 나이테 모양으로 성장한 것을 알 수 있다. 망간단괴의 성장 속도는 매우 느린 편으로, 망간단괴가 만들어지는 기원에 따라 약간의 차이는 있지만 평균 100만 년에 10~160밀리미터 정도 자란다. 망간단괴의 모양을 살펴보면 재미있는 차이를 찾을 수 있다. 퇴적물에 있던 금속이 모여서 만들어진 망간단괴는 표면이 거칠하고 부스러기가 많은 데 비해 순수하게 바닷물과 접촉해 성장한 것은 치밀하고 표면도 매끄럽다. 퇴적물 속에 있던 금속 성분은 공급될 때에 망간단괴의 성장을 방해하는 불순물도 같이 끼어들어 표면이 거친 반면에, 바닷물 속에 이온 상태로 있던 금속 성분만 직접 침전되면서 성장하는 쪽은 조직이 촘촘하고 표면도 윤이 나는 것처럼 매끄럽게 자라기 때문이다.

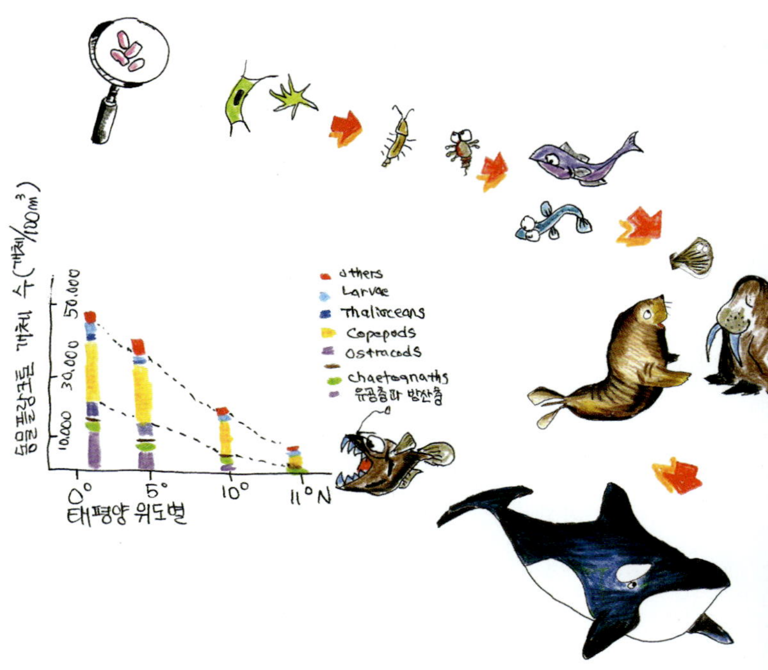

바다의 환경은 깊이에 따라 천해대(해수면~200미터), 점심해대(200~3000미터), 심해대 (3000~6000미터)와 초심해대(6000미터 이하)로 나눈다. 지구의 71퍼센트를 덮고 있는 해양에 는 육상에 살고 있는 약 100만 종의 생물보다 10배에서 많게는 100배 이상 많은 생물이 살고 있을 것이라 생각한다. 이들은 플랑크톤부터 인간까지 자연의 균형을 맞추는 정교한 먹이사슬의 체계를 갖추고 있다.

21세기의 첨단 산업사회의 발전을 주도할 것으로 주목받고 있는 심해 연구는 크게 7가지 영역으로 나누어 볼 수 있다. 심해저의 지질학적·지구물리학적·지화학적 연구, 대양과 심해 바닷물의 물리·화학적 연구, 해양 기후학적 연구, 대양 수층과 심해저에 생활하는 미생물·동물·식물 등의 생태계 연구, 망간단괴의 광상학적 형성 요인과 분포 특성 연구, 자원의 부존량 평가 연구, 상업적 개발을 위한 채광이나 제련과 같은 심해 광업 기술 연구가 그것이다. 이것을 보면 심해저의 망간단괴를 포함한 광물 자원을 개발한다는 것은 해양학이라는 학문의 모든 분야와 연관이 있다는 것을 알 수 있다. 따라서 해양과학 분야의 높은 기술력과 연구 체계가 갖추어져 있지 않다면 심해 연구는 할 수 없다. 이것은 심해 연구와 개발이 하고 싶다고 해서 어느 나라나 할 수 있는 일이 아니라는 것

해저 지형은 지각의 움직임으로 지금도 끝임없이 생성되고 소멸하고 있는 현재 진행형이다.

을 뜻한다.

　망간단괴가 있는 수심 5000미터 깊이의 심해는 우리가 상상할 수 없을 정도로 극한 환경이다. 보통 태평양의 바닷물은 남극에서 출발한 차고 무거운 심층수가 심해저를 따라 천천히 이동해 1500년이 걸려 도착한 것이다. 수압은 500기압으로, 엄지손톱 위에 어른 8~9명이 올라가서 누르는 정도의 압력이다. 속이 빈 알루미늄 야구방망이를 가져가면 마치 압축기로 누른 것처럼 납작해질 정도이다. 우리나라 망간단괴 광구가 있는 부근의 태평양 해수면의 수온은 여름에 섭씨 28도 정도인데 수심 5000미터는 섭씨 1도로 손이 시릴 만큼 차갑다. 빛도 전혀 들어오지 않으니 완전한 암흑 세계이다.

이러한 환경에서 시료를 채취하려면 유인 잠수정을 타고 사람이 직접 들어가거나, 연구선과 케이블로 연결된 연구 장비들을 이용해야 한다. 연구 장비로는 심해저의 모습을 영상과 사진으로 담아 내는 심해저 영상 관측 시스템이 있는데, 철강 재질로 만든 유선형 틀 안에 내장된 광케이블로 연결된 스틸카메라, 비디오카메라, 온도계와 고도계로 해저면의 자료들을 얻는다. 또 중심 주파수 12~500킬로헤르츠를 음원으로 하여 해저면에서 반사되는 음향의 특성을 잡아서, 수심에 따라 10센티미터부터 25미터 크기까지의 해저면 물체와 성질 등을 분석할 수 있는 측면 주사 음향 탐사기side scan sonar도 있다.

오늘날 심해 탐구를 넘어 심해를 개발하는 수준에까지 이르게 한 핵심적인 기술 분야 중의 하나는 바다의 메아리라고 할 수 있는 수중 음파를 이용하는 것이다. 이 탐사 방법은 해저의 수심을 빠르고 정확하게 측정하며, 심해의 바닥 면을 구성하고 있는 퇴적물의 특성을 알아내고 그 아래

무거운 돌과 납추로 수심을 측량하던 시절에 비해 챌린저호 때는 피아노선을 사용해 수심 측량의 정확도를 높였다. 지금은 음파가 수중에서 반사되어 되돌아오는 성질을 이용한 음향 탐사로 수심의 정확한 측정뿐만이 아니라 심해 깊은 바닥의 동전 크기만 한 물체도 알아내고, 한번에 수킬로미터의 해저 지형을 사진처럼 얻을 수 있는 단계까지 발전했다.

에 발달해 있는 퇴적층들을 마치 병원에서 사람 몸속을 속속들이 들여다보는 X-선이나 자기공명 촬영기처럼 세밀하게 볼 수 있게 해준다. 요즘은 배가 지나가면서 정해진 시간 간격으로 연속해서 음파를 부챗살처럼 쏘아 해저면에 반사되어 돌아오는 음파를 이용해서 넓은 지역의 해저 지형을 사진처럼 선명하게 받아볼 수 있는 수준에까지 이르렀다. 납과 돌멩이를 삼줄에 매어서 수천 번 이상 반복해 수심을 측정하던 1914년 이전으로부터 불과 100년도 되지 않은 시간 안에 일구어 낸 획기적인 해양과학 기술의 발전이다.

수심과 지형을 좀 더 정확하게 관측하기 위해 레이저를 이용하는 방법, 헬륨·네온·아르곤 등 비활성 기체를 이용하는 방법, 전자기파를 이용하는 방법 등을 연구하고 있지만, 아직은 해저 바닥에 반사되기도 전에 흡수되거나 산란散亂이 일어나는 등 에너지가 너무 급격하게 줄어들거나 없어져서 깊은 바다에서는 활용할 수가 없다. 레이저나 전자기파의 급격한 에너지 감쇄는 바닷물 속의 플랑크톤과 엽록소가 빛이나 전자기파를 흡수하거나 부유물_{바다에 떠다니는 물질}에 부딪혀서 산란이 일어나기도 하고, 아예 바닷물 속으로 들어가려던 에너지가 바다 표면의 파도에 부딪혀 감소되거나

1826년 제네바 호수에서 음파의 전달 속도를 구하기 위해 종과 청음기를 이용하고 있다. 이때 측정한 음파의 속도는 섭씨 8도의 수온에서 1435미터였는데, 오늘날 정밀한 음파 측정 결과인 1초에 1438미터와 놀랄 만큼 유사한 결과였다.

없어지기 때문에 생긴다. 그래서 레이저, 비활성 기체, 전자기파 등을 이용하는 것보다 음파는 반사되어 돌아오는 양이 적고 물체를 인식하는 정도도 떨어지지만 여전히 활용도가 높다.

　수층을 진행하는 음파의 속도를 처음 측정한 것은 1826년 제네바 호수에서 종소리의 울림을 이용한 것이었다. 수온이 섭씨 8도인 호수에서 음파는 1초에 1435미터를 진행한다는 사실을 확인했다. 오늘날의 발달한 기술로 같은 조건에서 측정하면 1초에 1438미터를 가므로 거의 비슷한 결과를 얻은 셈이다. 음파를 이용하는 방법은 주로 군사적 목적으로 개발되었다. 제1, 2차 세계대전 때 바다 속에 숨어 있는 잠수함을 찾아내거나 수중 통신을 하기 위해 개발되었던 기술인데 오늘날에는 해양 탐사 기술로 확대되었다.

그중 측면 주사 음향 탐사기는 해저면을 이루고 있는 지역의 구성 물질이 진흙인지 암반인지 모래인지 아니면 이런 것이 섞여 있는 지역인지를 직접 퇴적물을 채취하지 않고 음향 반사의 특성만으로 알 수 있게 해주었다. 또 수십 개의 음파를 발생시키는 장비를 작동하여 넓은 지역의 해저 지형을 한번에 얻을 수 있는 다중 음향 측심기multibeam echo sounder는, 타이타닉호처럼 침몰한 배를 찾는 데 도움이 되는 정밀한 지형 정보를 제공하는 등 중요한 역할을 담당했다. 이러한 음향 탐사 기술은 이제 심해저 광물자원을 개발하는 데 중요하게 활용되고 있다. 자원이 분포하는 지역의 지형과 광물이 분포하는 면적을 빠르고 정밀하게 파악할 수 있게 도와주어 자원의 개발 가치를 평가하는 데 없어서는 안 되는 첨단 탐사 기술로 자리 잡았다.

| 심해 퇴적물과 해수 채취 장비 |

음파를 이용해서 넓고 빠르게 지형에 대한 정보를 얻어 해석하고 지층 어느 부분에 퇴적물이 얼마나 쌓여 있는지 분석이 끝났다면, 퇴적물이 쌓여 있는 곳마다 과거에는 어떤 환경이었는지를 알아보게 된다. 시간이 흐르면서 쌓인 퇴적층은 그야말로 해양 환경 변화의 과정을 그대로 간직하고 있는 블랙박스라 할 수 있다. 그러나 퇴적되는 양이 1000년에 겨우 1~3밀리미터 정도이므로 시료가 조금만 옆으로 기울어져 섞이면 수천 년에서 때로는 수십만 년의 기록이 뒤엉키기 때문에 여간 주의하지 않으면 안 된다.

심해 퇴적물 채취는 심해 환경의 특성을 왜 알고자 하는지 그 목적에 따라 다양한 장비를 사용하게 된다. 상자 모양으로 생겨 해저면의 퇴적물과 하부에 있는 퇴적물을 원형 그대로 채취하는 상자형 퇴적물 채취기, 채취기가 해저면을 관통하는 동시에 주사기로 물을 빼내는 피스톤 방식으로 깊은 해저면에서 수 미터에서 수십 미터의 퇴적물 시료를 채취하는 피스톤형 퇴적물 채취기, 해수와 해저면이 만나는 경계면을 뒤섞지 않고 원형 그대로 바닷물과 퇴적물 시료를 동시에 얻을 수 있도록 고안되었으며 한번에 최대 8개의 퇴적층 시료를 얻을 수 있어 깊이에 따른 미세한 퇴적 환경의 변화를 분석하는 데 이용하는 다중 주상 퇴적물 채취기 등이 있다. 또 한번에 1톤 정도 많은 양의 망간단괴 시료를 얻으려고 할 때는 드렛지로 채취할 수 있다. 유일하게 케이블에 연결되지

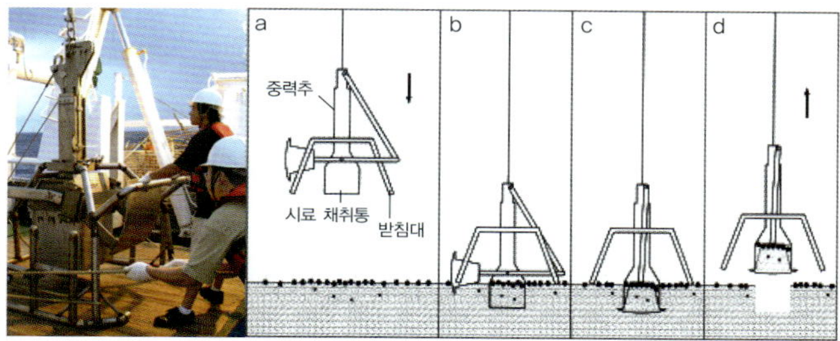

상자형 퇴적물 채취기 표층의 망간단괴와 하부 퇴적물을 한꺼번에 채취할 수 있는 장비로, 최상부 몇 센티미터의 퇴적물은 회수하는 과정에서 바닷물에 교란을 받을 수 있지만 망간단괴 부존율을 계산할 때에 채취 효율을 고려하지 않아도 되어 편리하다.

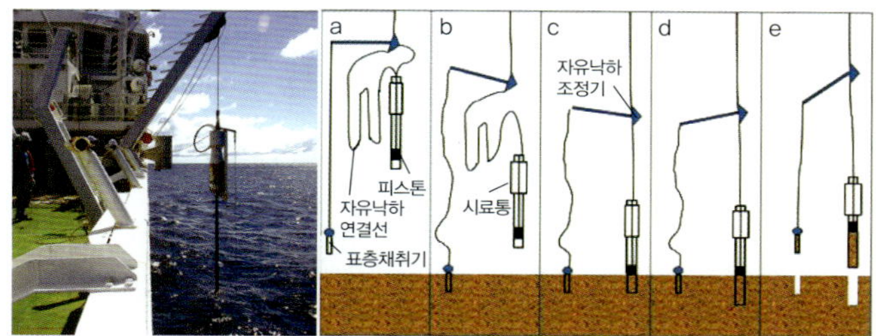

피스톤형 시료채취기 시료를 채취하고자 하는 해저면 깊이까지 채취기를 내려 보낸 다음 코어길이와 같은 거리만큼 자유낙하시켜서 퇴적물을 채취하는 장비로, 다중 주상 시료채취기보다 긴(6~20m) 퇴적물 시료(직경 8cm)를 채취할 수 있다.

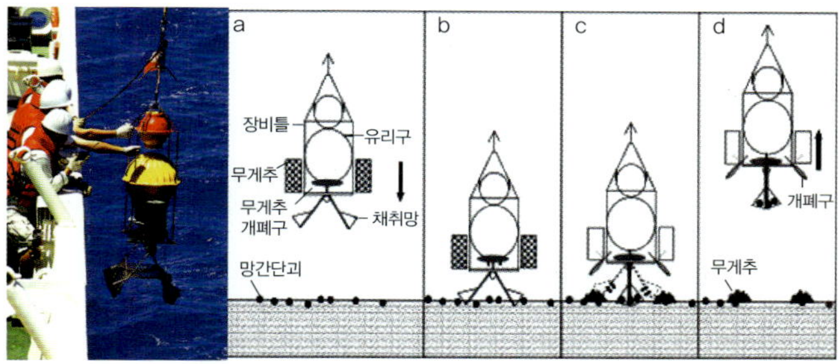

자유 낙하식 망간단괴 채취기 케이블을 연결하지 않고 바닷속으로 던져 넣으면 스스로 해저면의 망간단괴 시료를 채취해 부력으로 다시 수면 위로 올라오는 장비로, 망간단괴 부존율을 계산한다.

않은 채 해저에 들어가 스스로 시료를 채취해서 해수면까지 올라오는 자유 낙하식 망간단괴 채취기도 있다.

지형, 수심, 해저 지층의 두께를 분석할 때는 음파를 이용한 다중빔 음향측심기, 천부지층탐사기, 탄성파 탐사 장비를 주로 사용한다. 해수면에서 심해까지는 수온과 밀도 변화에 따라 혼합층, 수온약층과 심해층이 존재하는데 이와 같은 수층의 특성을 파악하기 위해서는 CTD라는 해수 특성 분석 장비가 동원된다. CTD는 Conductivity and Temperature for Depth의 약자이며, 바닷물의 수온, 염분, 용존산소와 광량 등을 측정하는 감지기가 달려 있다. 다양한 해수 자료들을 실시간으로 얻을 수 있고 수심별 해수를 정확하게 채취할 수 있는 장비이다.

| 잠수정 |

인간의 탐구와 탐험은 직접 보고 믿는 것을 기본으로 한다. 새를 연구하다가 바닷물고기를 연구하는 학자로 변신한 비브William Beebe, 1877~1962와 고생물학을 전공했지만 손재주가 좋았던 바턴Otis Barton, 1899~1992이 함께 직경 134센티미터, 두께 38센티미터에 무게가 2톤인 동그란 공 모양의 강

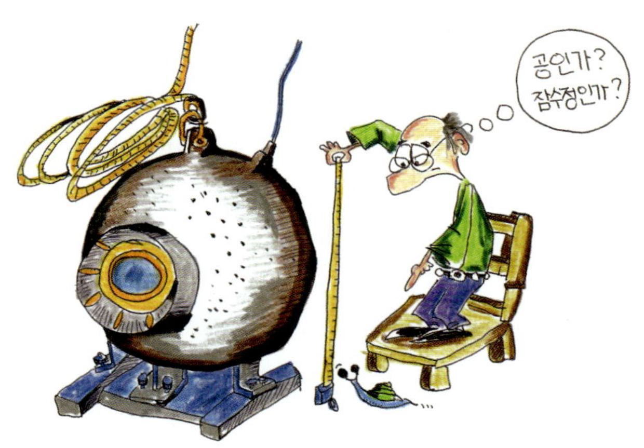

월리엄 비브와 오티스 바턴은 당시로서는 수압에 가장 잘 견딜 수 있다고 생각한 동그란 공 모양의 강철 잠수구를 만들어 해수면 아래 923미터까지 잠수했다.

철 잠수구를 만들었다. 이 잠수구는 석영 유리창이 있고 탐조등과 전화기가 설치되어 있어서 깊은 바다에서도 밖을 내다볼 수 있으며 견인선과 연락을 주고받을 수 있도록 제작되었다. 두 사람은 배시스피어Bathysphere라 이름 붙인 이 잠수구를 타고 923미터를 잠수함으로써 이 세상 그 누구도 본 적 없는 바닷속을 직접 보았다.

두 사람이 배시스피어를 타고 신비롭고 새로운 바닷속 세상을 직접 보았다는 소식이 알려진 뒤에는 깊은 바다에서 줄에 매달려 한 군데만 관찰하고 올라오는 것이 아니라 여기저기 이동하면서 보다 깊은 곳까지 내려가는 방법을 찾기 시작했다. 처음에는 잠수구를 배와 연결된 케이블에 매달아 이동하는 방법을 시도해 보았지만 수심 1360미터라는 기록적인 잠수를 성공한 이후에, 그 이상은 기술적으로나 구조적으로 불가능하다는 것을 알게 되었다. 사실 비브와 바턴이 배시스피어를 타고 923미터 깊이에 다다랐을 때 이미 잠수구는 7000톤이 넘는 압력을 힘겹게 견디고 있었다.

스위스 물리학자 피카르Auguste Picard, 1884~1962는 하늘의 성층권 연구에 이용했던 기구氣球, FNRS I의 원리를 잠수정에 적용하여 잠수함처럼 생긴 잠수정 FNRS II를 개발해 시험했으나 거친 바다를 이기지 못하고 실패했다. 이후 FNRS II의 외형은 그대로이나 완전히 새로운 FNRS III를 제작해 1954년 아프리카 세네갈 부근의 심해에서 4050미터까지 성공적으로 잠수하는 기록을 세웠다.

잠수정은 그 이후로도 조선 공학과 과학 기술의 발전에 힘입어 끊임없이 개량되었다. 1959년에는 미국 해군연구소가 제작한 잠수정 트리에스테 II를 타고 피카르Jacques Piccard와 월시Don Walsh가 역사상 그 누구의 발길도 닿지 않았던 마리아나 해구에 도달했다. 부드러운 퇴적물이 쌓여 있는 해구

인간의 탐구와 탐험은 직접 보고 확인하는 것에서 시작된다. 잠수정 트리에스테는 인간이 바다를 처음 알게 된 이후 그 누구도 도달하지 못했던 가장 깊은 곳(수심 10,916미터)에 내려앉았다. 그 이후 잠수정은 그 이전에는 짐작조차 하지 못했던 심해의 새로운 세계를 발견하는 놀라운 업적을 이루었다.

바닥에 도착했을 때 수심계는 1만 916미터를 가리키고 있었다. 이 기록은 인간이 도달한 가장 깊은 곳이라는 잠수 기록을 아직도 가지고 있다. 인간이 역사상 지구에서 가장 깊은 곳에 들어간 기록임에도 그때는 그곳까지 들어갈 수 있는 잠수정을 어느 국가가 먼저 만들어서 어느 국가가 먼저 보았는지가 중요했지 심해를 탐구한다는 것까지는 생각하지 못했다. 그보다는 조금 나중이지만 1962년 수심 9545미터의 심해에 들어가 사진을 찍고 퇴적물도 채취했을 뿐만 아니라 심해 동물을 관찰한 잠수정 아르키메데스호의 활동이 심해 연구라는 해양학적 측면에서는 의미가 더 크다.

트리에스테나 아르키메데스와 같은 잠수정은 기본적으로 케이블에 매다는 잠수구의 문제점을 고쳐 잠수하는 기술을 중심으로 제작되었다. 전문적으로 심해를 연구하는 잠수정은 심해에서 물리·화학·생물·지질학적 특성 등을 측정하기 위한 여러 가지 측정 장비, 영상 기록 장치, 정밀 지형과 지층 탐사용 음향 장비 그리고 다양한 환경의 심해 시료를 채취할 수 있는 로봇 팔과 같은 기능을 모두 갖추어야 한다. 심해 잠수정은 단순히 깊이 들어가는 것만이 중요한 것이 아니라 그곳에서 심해 생태계, 심해 수층의 물리·화학적 환경, 심해 지질의 특성, 심해 자원 등 연구 자료를 얻는 것이 목적이기 때문이다.

　이러한 여러 가지 기능을 잘 수행하는 것으로 알려진 심해 유인 잠수정으로는 미국의 '앨빈Alvin'과 프랑스의 '노틸Nautile'이 있다. 40년 동안 4000번 이상 잠수한 미국의 앨빈은 대서양 중앙에 발달한 해저 산맥에서 새로운 해양 지각이 만들어지고 넓혀지는 것을 직접 확인했으며, 태평양의 갈라파고스 제도 부근에서는 20세기 최고의 해양과학적 발견이라는 해저 열수 활동을 찾아냈다. 또 북대서양에서는 빙산과 충돌해 침몰한 타이타닉호를 찾는 등 빛나는 성과를 보여 주었다. 우리나라 과학자로는 가장 깊이 심해 탐사를 한 한국해양과학기술원의 김웅서 박사가 승선해 우리에게 유명해진 프랑스의 노틸 잠수정은 20년 동안 1500번 이상 심해를 탐사했다. 또 프랑스의 망간단괴 개발 광구에서 연간 150만 톤의 망간단괴를 채광하는 로봇의 이동 궤적을 정밀하게 설정하는 연구에도 직접 참여했다. 그 밖에 성능이 가장 뛰어나다고 알려진 일본의 '신카이6500', 영화「타이타닉」제작에 참여했던 러시아의 6000미터급 쌍둥이 잠수정 '미르Mir I'과 '미르Mir II'가 있으며, 최근에는 중국이 '자

무인 잠수정 개발에 뛰어든 우리나라는 6000미터 이내 심해저 광물자원을 개발하는 데 활용할 수 있는 무인 잠수정 '해미래'를 개발함으로써 심해 연구 장비를 독자적으로 개발하게 되었다.

오룡'이라는 유인 잠수정을 제작했다.

　우리나라의 유인 잠수정은 1987년 해저 250미터까지 탐사할 수 있는 성능을 가진 과학 실험용 '해양250'이 유일하다. 지금은 유인 잠수정보다 무인 잠수정 개발에 힘을 쏟고 있다. 1993년 처음으로 '씨로브300'을 개발했으며 1996년과 1997년에 각각 자율 항해 무인 잠수정 '옥포6000'과 '보람호', 2003년에는 민군 겸용 반자율 항해 잠수정 '소브'를 개발했다. 같은 해에 수중 진수 장치 '해누비'와 무인 잠수정 '해미래'가 결합된 6000미터급 복합형 무인 잠수정 개발에도 성공했다. 2007년에는 2001년부터 독자적으로 진행해 온 '해미래' 개발이 끝나 우리나라도 심해 6000미터급 심해 잠수정 보유국이 되었다.

"김 박사! 새벽 2시인데 퇴근 안 하고 뭐해?"

"퇴적물 연대 측정 실험이 끝나 분석한 자료가 나왔는데 좀 특이해서요. 이것저것 비교해 보고 있는데 명쾌하지가 않네요!"

"저녁은 먹었어?"

"조금 전에 컵라면 하나 먹었습니다. 집에 가서 밥 먹어야죠."

"이 박사한테서 어제 망간단괴 부존량과 지화학 분석 결과는 나왔던데……. 그 결과와 한번 비교해 보지 그래? 퇴적물 쪽 지화학 결과가 나왔는지 모르겠네……?”

“아무래도 결과가 다 나오면 전부 같이 놓고 검토해 봐야 할 것 같아요!”

“하여튼 건강은 챙기면서 일해야지. 너무 무리하는 것 아냐?”

“재미있잖아요. 어느 정도 결과가 정리되면 논문도 나올 것 같고요.”

“하긴, 우리 일은 그 재미지. 그런데 아직도 애기가 김 박사 보면 울어?”

“요즘은 자기 엄마랑 같이 텔레비전 보고 있으면 뒤로 기어와서 손가락으로 꾹 찔러요. 제가 탐사 나가 있는 동안 초인종 소리만 나면 ‘아빠, 아빠!’ 했대요.”

“다음 탐사 나가기 전까지 피곤해도 많이 놀아 주라고.”

“박사님, 자제분들도 그랬어요?”

“그랬지! 한번은 우리 딸내미가 탐사 떠나기 전날 여행 가방에 들어가서는 나오지 않겠다고 떼를 쓰는데, 기분이 짠하더구먼. 그런 일은 우리 선배들부터 김 박사까지 다 겪는 일이야! 어쩌면 그게 우리가 제대로 연구하고 있다는 증거일지도 모르지!”

"그 말씀 들으니 퇴근하고 싶어지네요. 저 퇴근합니다."

"잘 자고, 몇 시간 있다가 봅시다."

심해저 망간단괴 탐사 연구는 해양을 연구하는 여러 분야 가운데 어려움이 많은 분야 중 하나이다. 전 지구의 평균 수심이 3700미터인데 수심 5000미터 내외의 500기압이라는 혹독한 환경 속에서 부존자원을 탐사하고 개발해야 하기 때문이다. 또한 연구선, 연구자, 탐사 장비와 이를 다루는 숙련된 기술자 등 심해 연구에 필요한 기술과 자본, 노력 등이 뒷받침되지 않으면 연구 자체가 불가능하다.

우리나라가 처음 심해 자원을 개발하려고 나섰던 1990년에는, 심해를 탐사할 수 있는 연구선도 기술도 없었다. 미국 연구선을 얻어 타고는 그들이 탐사하는 내용을 하나에서 열까지 어깨 너머로 일일이 배웠다. 이미 선진국보다 20~30년 정도 늦은 출발이었다. 그랬던 우리가 불과 10여 년 만에 심해 광물자원량 정밀 평가 기술, 무한궤도 주행 방식의 심해 광물 채광 장비 기술, 심해 기후 환경 중 엘니뇨와 라니냐 장기 변동 주기 발견, 망간단괴에서 유용한 금속 추출 기술 등 심해저 자원을 개발하는 국가들이 주목하는 연구 성과들을 많이 이루어 냈다.

이렇게 되기까지는 여러 가지 요인이 있었지만 연구에 전념하는 연구원들의 노력을 빼놓을 수 없다. 아빠를 낯설어 하는 아기와 크고 작은 집안일을 외면해야 하는 자기희생, 24시간 연구실에 불이 꺼지지 않는 그들의 열정이 녹아 있는 것이다.

KODOS Korea Deep Ocean Study라 이름 붙여진 심해저 망간단괴 탐사는, 한국에서 약 1만 킬로미터 떨어진 태평양 클라리온-클리퍼톤 해역의 우리나라 심해저 광구에서 이루어진다. 우리나라 심해저 광구는 탐사 베이스캠프가 있는 하와이에서도 3000킬로미터 정도 떨어져 있어서 연구선으로 왕복하는 데만 약 12일 이상이 걸린다. 그래서 한번 탐사 지역으로 가면 장비에 문제가 생겨도 쉽게 돌아와서 고칠 수가 없다. 탐사 날짜가 정해지면 연구원들은 각자 시료 채취 장비, 지구물리 장비와 각종 분석 장비들에 문제가 없는지 꼼꼼히 점검한 뒤에도 확인에 확인을 거듭한다. 이렇게 끝도 없는 준비를 하다 보면 심해저 탐사는 어쩌면 바다가 아니라 장비와의 길고 지루한 전쟁이란 생각이 들 때도 많다.

　그러나 탐사 해역에 도착해서 바다에 장비를 투하한 뒤 첫 번째 시료가 성공적으로 연구선에 올라오는 순간이면 그 동안의 노고를 말끔히 잊게 된다. 수온이 섭씨 1도 내외로 차가운 심해저에서 시료를 채취한 뒤 연구선까지 무려 5킬로미터의 긴 여행을 해서 갑판에 올라온 장비는, 시료를 잔뜩 담은 플라스틱 관들의 외벽에 찬 이슬이 맺혀 있어 깊은 심해에서 올라왔다는 사실을 확인시켜 준다. 그 순간만큼은 처음 사랑하는 연인을 만난 것처럼 설렌다. 바로 이 순간을 위하여 몇 달씩 준비하고 점검하고 또 분석하는 것이다.

심해 광물자원 탐사를 위해 먼저 해야 할 일은 다양한 연구의 결과와 문헌을 확인하고 분석해서 가장 적합한 탐사 계획을 세우는 것이다.

7만 5000제곱킬로미터 중 강원도 면적의 2배에 맞먹는 심해저 4만 제곱킬로미터의 우리나라 망간단괴 광구에 부존하는 자원을 정밀 분석한 자료이다.

많은 연구원들이 전문 분야의 목적에 따라 탐사 지역, 탐사 측선, 조사 지점당 머무는 시간, 이동간 소요 시간, 작업 내용, 연구팀 구성, 장비 제작, 해황 조건에 따른 추가 연구 등 수백 가지의 연구 항목들을 정해진 탐사 기간 안에 차질 없이 끝낼 수 있도록 기획한다.

계획된 내용들을 바탕으로 탐사의 눈이라 할 수 있는 탐사 도면, 탐사 시나리오와 시료 채취 위치도 등 탐사 계획 도면을 그린다. 지질, 지구물리, 생물, 화학 분야간 협력 방법 등이 세워지고, 탐사에 참여하는 연구원들의 임무와 역할이 정확하게 전달된다. 이 단계에 이르면 비로소 탐사를 떠나는 실감이 난다.

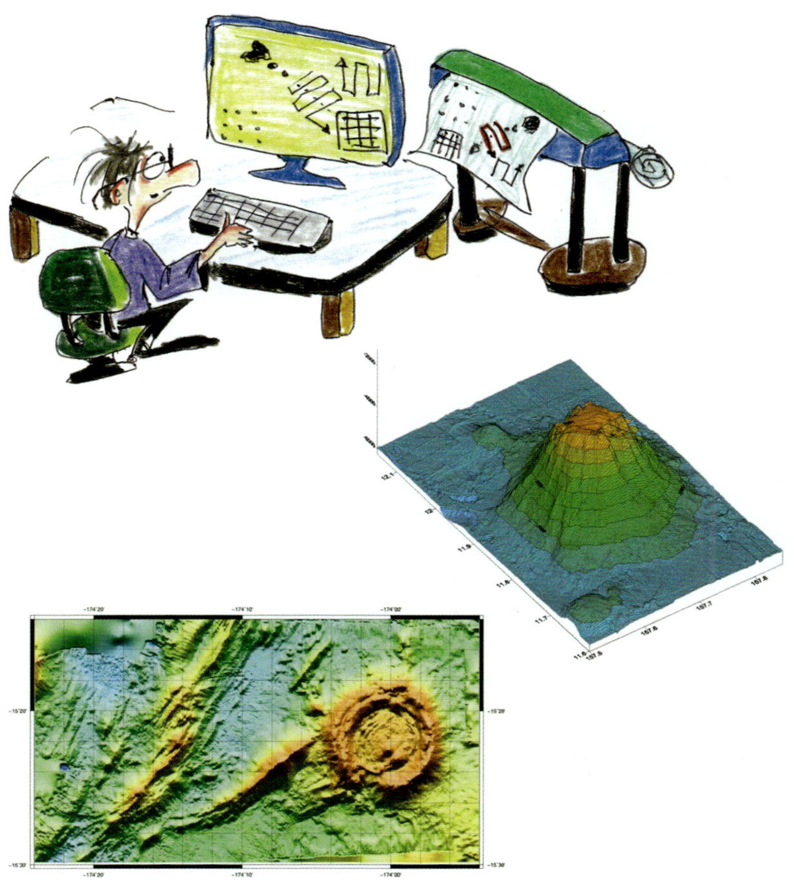

심해 탐사 현장에서 수행하는 주요 활동 중 하나는 해저의 시료를 채취하는 작업이다. 시료 채취 과정 자체가 바다 상황에 따라 변수가 많기 때문에 시료 채취 성공률은 심해 탐사 과학자들에겐 자부심이다. 수심 5000미터에서 얻어진 광물, 퇴적물 시료들은 자원의 분포 특성, 부존량 등을 해석하는 데 없어서는 안 된다.

자유 낙하식 시료채취기

심해 영상 탐사 장비

상자형 시료채취기

해저 지형과 지층의 발달은 광물자원의 생성과 분포에 중요한 영향을 미치므로 이 자료가 없으면 장님이 코끼리를 만지는 격이다. Dry Lab(지구물리연구실)에서 작성한 이들 자료를 바탕으로 해저로 장비를 내리는 시간과 조건 등이 전적으로 결정된다.

해저 지형도

해저면에 수십~수백 미터의 크기로 발달한 미세지층을 조사하는 천부지층탐사기 탐사 목적에 따라 다양한 시료채취기가 운영되며, 탐사로 얻은 시료는 연구선에서 절개해 퇴적물의 특성이나 구성 등을 분석한다.

다중 주상 퇴적물 채취기

피스톤 방식의 시료채취기

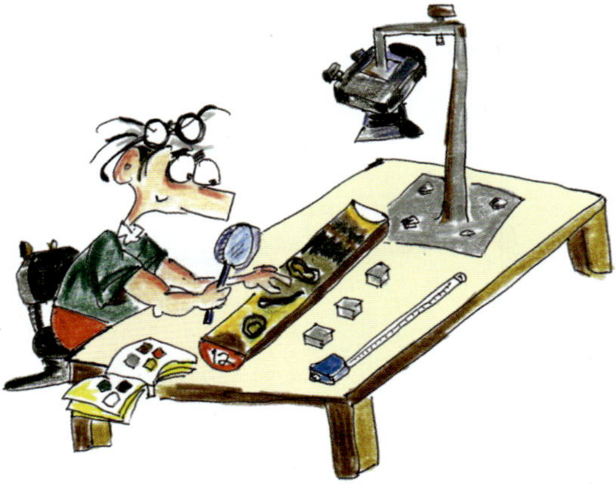

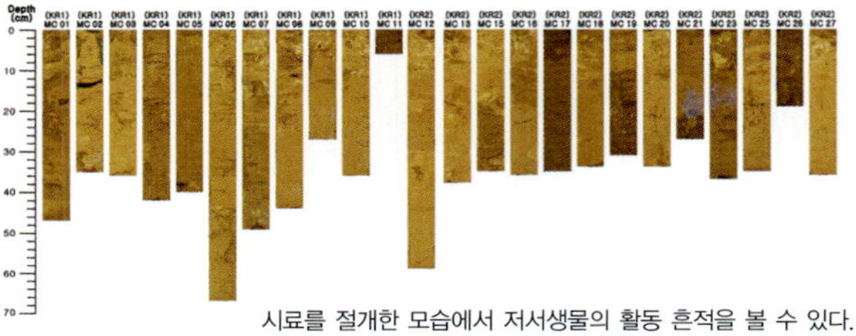

시료를 절개한 모습에서 저서생물의 활동 흔적을 볼 수 있다.

플랑크톤의 활동 조건을 알아보기 위해 인위적 폐쇄생태계(메조코즘) 장비를 운영하는 모습

심해에서 채취한 심해 단각류 Amphipoda와 심해해삼

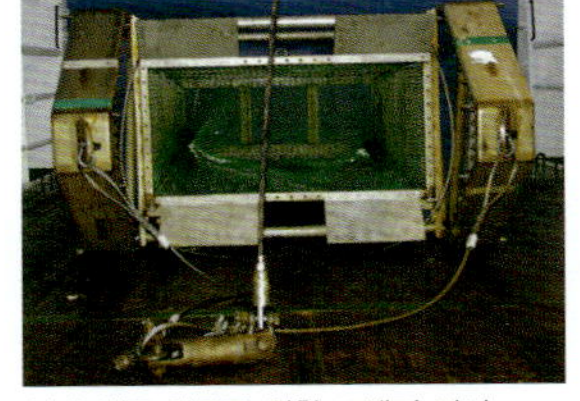

심해 생물 연구를 위한 드렛지 장비

심해 연구에서 중요한 연구 분야 중의 하나가 심해 생태계와 생물에 대한 연구이다. 심해를 개발하려면 환경 보전을 위한 대책을 먼저 세워야 하기 때문이다. 과거 챌린저호가 저인망으로 심해 생물을 채취했었는데, 기본적인 시료 채취 방식은 그때와 크게 다르지 않다.

바닷물의 가장 기본적 자료인 수온과 염분을 측정하고 바닷물 속의 용존산소, 엽록소, 탁도, 광량 등을 연속적으로 관측해서 해수 환경과 수층의 생태계 특성 등을 연구한다. CTD는 Conductivity and Temperature for Depth의 약자이며, 최근의 전 지구적 기후 변동과 관련해 엘니뇨와 라니냐 현상의 주기를 관측하는 데도 중요하게 사용된다.

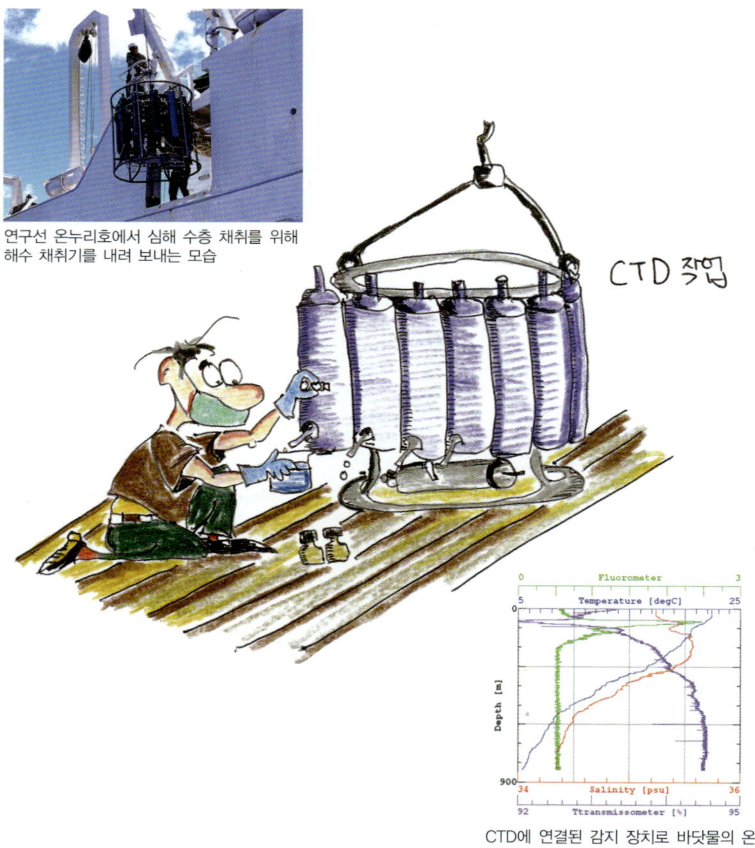

연구선 온누리호에서 심해 수층 채취를 위해 해수 채취기를 내려 보내는 모습

CTD에 연결된 감지 장치로 바닷물의 온도, 염분, 탁도를 실시간으로 관측한 자료

심해저에 분포하는 망간단괴는 심해 퇴적물, 동물의 뼈나 이빨, 돌멩이를 핵으로 하여 100만 년에 수밀리미터씩 나이테처럼 자란다. 망간단괴는 해수 기원, 퇴적물과의 화학작용에 의한 속성 기원, 열수 기원, 화산 기원 등 여러 가지 이유로 만들어진다.

심해에서 망간단괴를 끌어올리는 모습

절개한 망간단괴로 나이테 같은 성장 모습이 보인다.

 지화학 및 층서 연구

심해 탐사로 얻은 시료들은 광물학, 지화학, 지질학, 생물학 등 다양한 분야의 분석이 이루어진다.

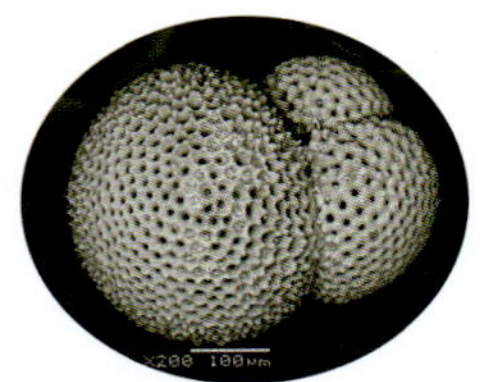

주사 전자현미경으로 찍은 유공충으로, 고해양학적 환경 변화를 해석하는 데 이용된다.

망간단괴의 금속 성분을 분석하는 지화학 연구 분석 장비

생물·광물 시료의 주사 전자현미경 장비

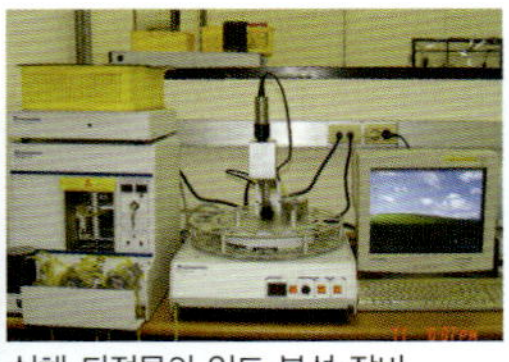

심해 퇴적물의 입도 분석 장비

심해 탐사를 계획하고 연구, 분석한 모든 결과는 보고서로 만들어지며, 이는 국내외 학술 활동과 저널에 논문을 게재함으로써 그 성과를 검증받는다.

탐사 해역을 떠나며

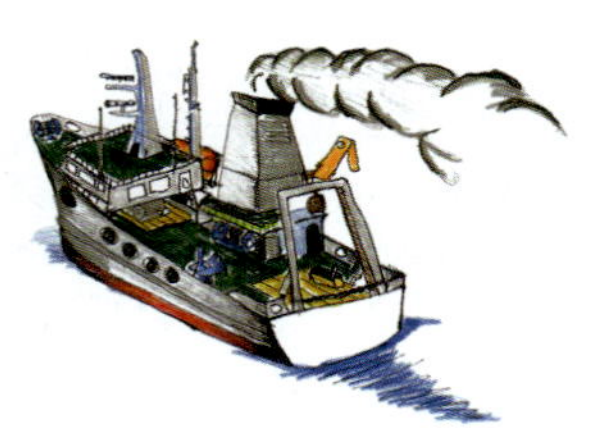

"지구물리측선 조사 완료했습니다."

"현재 시간 03:30분, 카메라 장비, 갑판에 올라왔습니다!"

"망간단괴 채취기 회수하고, 장비 해체했습니다!"

"딥토우사이드 스캔 소나 회수했습니다."

"박스 코어, 데크에 올라왔습니다."

"브릿지! 여기 탐사팀장!"

"예! 브릿지!"

"현재 시간으로 2000년 태평양 심해저 망간단괴 정밀 탐사를 종료합니다."

망망대해 태평양 위로 떠오른 시료채취기

"브릿지! 그동안 수고하셨습니다. 뱃머리를 하와이로 돌리세요. 이제 집으로 갑시다."

"탐사팀! 고생 많았습니다. 현재 시간으로 배 돌리겠습니다."

하와이를 향해 북동 방향으로 뱃머리를 돌린 태평양 심해 연구선 온누리호는 뒤에서 밀어 주는 바람을 받으며, 태평양 해수면을 미끄러지듯 달려가기 시작했다. 까맣게 그을린 얼굴을 스치는 태평양의 새벽바람이 상쾌했다. 따뜻한 커피가 담긴 머그잔을 들고 불이 아직 꺼지지 않은 후갑판에서 오랜만에 태평양의 새벽하늘을 오랫동안 올려다 보았다. 그때서야 하늘에 많은 별이 총총히 떠 있는 것이 눈에 들어왔다. 힘찬 스크류로 생기는 하얀 포말은, 그동안 같이 했던 시간이 아쉬움으로 남아 잡은 손을 놓고 싶지 않은 듯 저만치에서 배를 뒤따른다.

"내년에 또 올 거야! 들려주지 못한 이야기들은 그때 더 들려줘! 잘 있어!"

심해는 더 이상 우리에게 낯선 곳이 아니다. 해양과학의 발전이 전에는 상상할 수 없었던 미지의 세계를 눈앞에 펼쳐 놓았기 때문이다. 그럼에도 심해는 여전히 많은 비밀을 간직하고 있다. 오늘도 우리가 바다 위에 있는 이유이다.

약 40억 년 전에 태어나 살아 있는 지구를 구성해 온 바다! 해양이 만든 아름다운 숨결, 해양 기후! 해양의 탄력 있는 피부, 해저! 바다의 뛰는 맥박, 해류! 바다의 활력, 해양 생물! 그 어느 것 하나 따로 떨어져 있지 않고 미세한 하나하나까지 정교하게 연결되어 있는 바다에 대한 인류의 끊임없는 탐구 노력은, 상상과 탐험 그리고 대발견의 시대를 지나서 심해를 개발하는 시대에까지 이르게 했다.

21세기 해양과학과 그 기술의 눈부신 발전은 심해를, 인간의 이기심을 앞세워 정복하고 파괴해야 할 대상이 아니라 인간과 조화를 이루며 공존하고 소통해야 할 공간으로 받아들이게 했다. 인류가 해양을 개발과 보존이 공존하는 공간으로 대우하면 바다 역시 인류에게 감춰진 자신의 비밀을 드러내 보여 줄 것이다.

약 40억 년 전 태어나 지금까지 건강하게 살아 숨 쉬는 바다는 아직 인류가 다다르지 못한
지구상의 마지막 남은 미개척지이다.

사진 도움 주신 분들

이현복(한국해양과학기술원 해양시료도서관), 심해 퇴적물과 망간단괴의
지화학 분석 장비 116쪽, 유공충 116쪽
홍섭 · 김형우(한국해양과학기술원 해양시스템연구부), 미내로 I의 해상
실증 시험 81쪽

참고문헌

김정흠, 『중고생을 위한 해양과학 이야기』, 연구사, 2001.
루크 카이버스/김성준 옮김, 『역사와 바다 _해양력의 세계여행』, 한국
　해사문제연구소, 1999.
미국 국립해양대기청/김웅서 · 전동철 · 강형구 옮김, 『화보로 보는 바
　다의 비밀』, 지성사, 2010.
사라 치룰/박미화 옮김, 『심해전쟁 _해양자원을 둘러싼 세계의 숨 막
　히는 각축전이 시작됐다』, 엘도라도, 2011.
A. 섯클리프 외/신효선 옮김, 『과학사의 뒷얘기』, 전파과학사, 1974.
톰 개리슨/이상룡 외 옮김, 『해양학』, 시그마프레스, 2002.
클로드 리포/이인철 옮김, 『인류의 해저 대모험 _아리스토텔레스 시대
　에서 핵잠수함 시대까지』, 수수꽃다리, 2000.